艺术设计
ARTDESIGN

高等院校艺术学门类『十三五』规划教材

主编 刘利亚

景观规划与设计

JINGGUAN GUIHUA YU SHEJI

华中科技大学出版社
http://www.hustp.com
中国·武汉

内 容 简 介

《景观规划与设计》一书是面向环境设计、建筑设计、城乡规划等专业学生了解和学习景观设计理论与方法的一本实用型参考教材。

本书分为五章。第一章景观规划设计概述,主要介绍景观设计的基本概念及学科建设历程。第二章景观规划设计类型,主要从宏观、中观、微观这三个不同层次,依据景观设计的服务对象和性质,将景观规划设计的项目进行了详细的分类,方便学生了解不同种类景观项目各自不一的针对性和相应的设计原则。第三章景观规划设计构成,主要从物质、非物质、人这三个不同出发点去阐述景观规划与设计会用到的各类设计要素以及在设计中需要考虑的因子。第四章景观规划设计的原则与方法,首先陈述了景观规划设计原则;然后对设计概念形成的方式做了深度的剖析,包括从客观评估推导出合理的方案结论、从主观切入得出代表设计师意念的方案以及如何从抽象思路演变到具象设计轮廓的方法;最后总结了古今中外园林景观的营造经验,为现代景观设计提供有利的素材和途径。第五章景观规划方案设计,主要是针对具体的设计实践环节的评述,一方面是方案设计全过程的秩序,一方面是学生在设计实践中可能会集中出现问题的设计难点解析。

图书在版编目(CIP)数据

景观规划与设计 / 刘利亚主编. — 武汉:华中科技大学出版社,2018.5(2024.1重印)
高等院校艺术学门类"十三五"规划教材
ISBN 978-7-5680-3568-2

Ⅰ.①景… Ⅱ.①刘… Ⅲ.①景观规划—景观设计—高等学校—教材 Ⅳ.①TU986.2

中国版本图书馆 CIP 数据核字(2018)第 014935 号

景观规划与设计
Jingguan Guihua yu Sheji

刘利亚　主编

策划编辑:彭中军
责任编辑:赵巧玲
封面设计:孢　子
责任监印:朱　玢
出版发行:华中科技大学出版社(中国·武汉)　　　电话:(027)81321913
　　　　　武汉市东湖新技术开发区华工科技园　　　邮编:430223
录　　排:武汉正风天下文化发展有限公司
印　　刷:广东虎彩云印刷有限公司
开　　本:880 mm×1 230 mm　1/16
印　　张:8
字　　数:250 千字
版　　次:2024 年 1 月第 1 版第 5 次印刷
定　　价:49.00 元

前言

JINGGUAN GUIHUA YU SHEJI

现代景观设计学（landscape architecture，LA）起源于美国，1900 年，小弗雷德里克·劳·奥姆斯特德（F. L. Olmsted）和舒克利夫（A. A. Sharcliff）在哈佛大学开设了景观设计课程，并在全美首创四年制的景观设计理学学士学位，正式确立了景观设计现代学科的地位。它既是一门多学科交叉融合的现代学科，同时又是一门对时代发展十分敏感的实践性学科。

20 世纪 90 年代，"景观设计学"的学科概念逐步引入我国高校。对于传统的园林设计专业教育来说，景观设计学产生了一定的冲击力，但也有一脉相传的延续性。在学科引进和建设的初期探索阶段，该课程在很多相关学科的院系里均有设置，例如农林类院校里的"风景园林设计"、建筑规划类院校里的"绿地景观规划设计"、艺术类院校里的"室内外景观艺术设计"，等等。但是，这些院校开设的景观设计课程基本倾向于各自学校的办学特点和专业侧重点，即农林类院校侧重于传统的造园技术和植物配置，建筑规划类院校侧重于景观建筑营造和城市绿地生态系统的宏观把控；艺术类院校侧重于空间环境形态的艺术表现。然而，这样的局面，无论是学科名称还是学科教育的定位和课程结构，都存在一定的局限性，很难帮助学生建立完整的、系统的景观设计价值观。

随着时间的推移、社会的变迁，中国的城市建设已经进入了快速的转型期。在实现新旧城市肌理的转换和创新及提高城乡区域环境质量的过程中，景观扮演了决定性的角色。因此，景观设计的教育理念也应该在完善建设初期教学结构诸多不足之后，转向学科融合度更高、更符合城市建设的经济、高效、生态理念的模式。在课程设置和教学内容上，强调相关联学科知识学习的广泛性；在通过设计解决具体实际建设问题时，强调客观的分析性和科学的技术性；在景观空间的营造上，强调合理性与艺术性、想象力的结合。

为了顺应新时代背景下景观设计学科发展及教育的需求，特组织编撰本教材，希望能为景观设计专业的学生以及相关专业需要学习该专业课程的学生提供一套规范、专业、全面系统、能多角度了解景观设计的学习资料。

本书共分为五章，理论部分将详细阐述景观设计的发展背景、多元类型、设计要素、设计原则及方法，帮助学生建立景观设计的概念及认知框架；实践部分将通过实际的景观设计全过程，让学生对景观设计的全套流程有一个全面整体的认知，然后通过对设计案例的深度剖析及设计实践，培养学生一定的设计实践操作技能。

本书部分理论文字参考了相关专著，部分图片来自设计数据库和相关行业网站。我在本书编撰的过程中得到了许多专家宝贵的专业指导意见，在此致谢！

编 者

2018 年 1 月 31 日

目录

JINGGUAN GUIHUA YU SHEJI

第一章

景观规划设计概述

JINGGUAN GUIHUA SHEJI GAISHU

第一节
景观规划设计的概念与认知

景观设计是一门既古老又新兴的工作和学科。说它古老，在于无论是东方国家还是西方国家，在营造有艺术感的风景这项工作上都经历了近千年的发展。在中国，国人熟知的北方皇家园林如颐和园、圆明园等和南方私家园林如拙政园、网师园等，代表了中国古典园林造园术之集成。在美国，被誉为"翡翠项链"的波士顿公园系统和"纽约绿肺"的纽约中央公园，代表了人们在城镇化进程中对生活环境生态化发展的关注与重视。说它是新兴的学科，在于经历了长时间的社会变迁，各个国家文化、经济及政策的发展，营造美景的工作渐渐在实践中摸索出了科学的成体系的理论学说，并将其引进教育系统，发展成为学科专业。但是，由于不同的国情、教育理念差异、学科交融性很强等原因，无论是在中国还是在西方，人们对于景观设计的理解都是多角度、多元化的。

一、风景、园林、景观

（一）风景

狭义地说，风景即大自然的风光景色；广义地说，风景是人的潜在美感观念以自然景物为客体的一种外化，是以空间存在的一系列可见的物质实体。风景是视觉审美的对象，是观赏者眼中的景象，是人们头脑中的观念，是存在于宇宙间具有美感和舒适感的物象与地域组合的总称。

风景在于表达自然的印象，反映自然的性质，是一种有价值的资源。人们不仅可以从中获取物质需要，更重要的是，通过它可以满足提高修养、欣赏、娱乐等精神需要。

（二）园林

园林是特意培养的自然环境和游憩境域。在一定的地域运用工程技术和艺术手段，通过改造地形（或进一步筑山、叠石、理水）、种植树木花草、营造建筑和布置园路等途径创作而成的美的自然环境和游憩境域，就称为园林。

园林是山水的精华所在，是在自然环境的基础上人为加工的景观环境，是人类景园意境客观外化的结果。

（三）景观

景观（landscape）是指土地及土地上的空间和物体所构成的综合体。它是复杂的自然过程和人类活动在大地上的烙印，也是多种功能的载体，因而可被理解和表现为栖息地、生态系统、符号等。

此外，景观在不同学科领域里的理解和含义是不一样的。语言学界定义景观是能用一个画面来展示，能在某一视点上全览的景象；地理学把景观作为一个科学名词，定义为一种地表景象，或综合自然地理区，或一种类型单位的通称，如城市景观、草原景观、森林景观等；艺术领域把景观作为表现与再表现的对象，等同于风景；建筑界则把景观作为建筑物的配景或背景；而生态学把景观定义为生态系统；最常见的景观被城市美化运动者和开发商等同于园林绿化小品、街景立面等。

二、风景园林设计、景观设计

（一）风景园林设计

风景园林是综合利用科学和艺术手段营造人类美好的室外生活境域的一个行业和一门学科，是以"生物、生态学科"为主，并与土木、建筑、城市规划、哲学、历史和文学艺术等学科相结合的综合学科。

（二）景观设计

关于景观设计，目前通用的英文术语是"landscape architecture"。但是，无论是对这个术语的翻译还是对其具体工作内容和深层含义的认知，业界都存在一定的差异。

"landscape architecture"，日本译为"造园"，韩国译为"造景"，我国的香港、台湾将其译为"景观建筑"，农林院校将其译为"风景园林"。不同的译文一方面取决于不同的文化背景和教育背景，另一方面取决于对于"景观设计"认知的差异。

总体来说，景观设计是一门复杂的系统工程，它是多学科集合的交叉型学科，也是艺术与科学有效结合的产物。现代景观设计一般包含三个层次。①景观环境形象、景观美学。基于视觉的所有自然与人工形态及其感受的设计，即狭义的景观设计。②环境生态绿化、景观生态学。环境、生态、资源层面，包括土地利用、地形、水体、气候、光照等自然资源与社会人文资源的调查、分析、评估、规划、保护，即大地景观规划。③大众群体行为心理、景观行为学。人类行为以及与之相关的文化历史与艺术层面，包括潜在于园林环境中的历史文化、风土民情、风俗习惯等与人们精神生活相关的文明，即行为精神景观规划设计。

三、景观设计的意义与宗旨

"景观"这一看似简单的概念，有着非常广泛而深刻的内涵。作为一种视觉景象，景观不只是建筑物的配景或背景，从城市到田园，景观都寄托了人类的理想和追求；作为一个地理区域，景观不只是自然科学分析和理解的对象，亦是人在大地之上和社会之中的栖居之所，是人的内在生活体验之所；作为一个系统，景观具有整体有机性和复杂性，一片土地、一个地区、一个国家，甚至全球，犹如生命的机体，均包含着人与人、人与自然之间，结构与功能、格局与过程之间的复杂关系；作为一种符号，景观不只是广场上的雕塑和纪念物之类，景观是自然及人类社会在大地上的烙印，是关于人类历史和自然系统的书。景观是历史生活场景的印记，是现代生活的空间和系统。

景观设计的出现让改善人居环境建设成为可能，它的形成和发展促进了人类的生活环境质量的提高，改进人类和自然环境的平衡，因此在社会发展史上，景观设计有着举足轻重的地位。除了美化环境的核心功能之外，创造可持续发展的环境文化，营建合理的空间尺度、完善的环境设施、喜闻乐见的景观形式，让人更加亲近自然生活是景观设计的另一核心功能。

第二节
景观设计学科教育

一、景观设计学科渊源

（一）景观设计学的概念

景观设计学是关于景观的分析、规划布局、设计、管理、改造、保护和恢复的科学和艺术，是一门建立在广泛的自然科学和人文艺术学科的基础上的应用学科。景观设计学尤其强调土地的设计，即通过对有关土地及一切人类户外空间的问题进行科学理性的分析，设计问题的解决方案和解决途径，并监理设计的实现。

根据解决问题的性质、内容和尺度的不同，景观设计学包含两个专业方向，即景观规划（landscape planning）和景观设计（landscape design）。前者是指在较大尺度范围内，基于对自然和人文过程的认识，协调人与自然关系的过程，具体地说，为某些使用目的安排最合适的地方和在特定地方安排最恰当的土地利用，而对这个特定地方的详细设计就是景观设计。

（二）景观设计职业及学科发展历程

1. 从"造园"到"花园"

人类造园以改善生活环境质量的历史十分悠久，有记载的可以上溯到古埃及人在庭园植树以改善气候以及我国商周时代的"苑囿"。前者是改善人类居住环境的典范，后者则带有更多的休闲娱乐功能。这个阶段园林的服务对象多是贵族阶层。

意大利文艺复兴时期，花园（garden）被称作第三自然（third nature），自然界（nature）被称作第一自然，人文景观（culture landscape）被称作第二自然。作为第三自然的花园，源于自然或者艺术，依据两者组成比例的不同，可以形成不同的风格，例如欧洲大陆一度流行的以凡尔赛宫（见图1-1）为代表的法国规整式园林。

2. 从"花园"到"风景园"

17—18世纪英国的绘画与文学艺术领域盛行浪漫主义，人们开始摆脱繁缛的维多利亚风格，回归自然主义（naturalism），而风景画则成为人们改造自然的标准。在如画风格运动（picturesque movement）中，对那些充满浪漫韵味，在某些部分又蕴藏着新奇（strangeness）的自然风景，造园师开始有意识地进行改造，使其"适合入画"，在1710年后英国出现了这种风景园，而造园师也被称作风景园师（landscape gardner）。风景造园反映了人们对大自然的重视和对大自然浪漫优美气质的向往与追求，它并不沉溺于纯粹的视觉艺术之中，是对过分装饰的维多利亚风格的反逆。

3. 从"风景造园"到"公园设计"

19世纪初期的英国，无论是文学、经济还是工业、景观都被整个欧洲视为典范。作为英国原来的殖民地，美国的景观设计深受英国的影响。美国文化从一开始就非常崇尚自然，因此风景园在美国大受欢迎。但是，风景园对人类的活动需要考虑不足，由于美国气候温和、家庭户外活动丰富，市民大众的娱乐活动空间需要受到更多的重视。

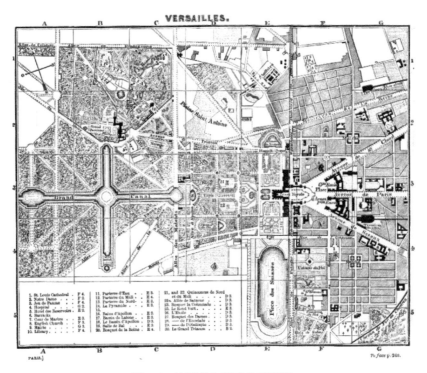

图1-1 法国凡尔赛宫总平面图

在现代城市公园出现之前，美国的墓园承担了为城市居民提供游憩空间的任务。奥本山墓园是第一个自然主义陵园。设计师雅各布·比奇洛（Jacob Bigelow）塑造了其主要景观，他的目标是在城市的郊外设计出一个"彼此分隔，树木、灌木丛、鲜花散布于园林中的家庭墓地"。当时这个陵园广受欢迎，在美国内战前一直是波士顿最主要的旅游热点。许多规划设计师都意识到了这个陵园的景观价值，并呼吁建设同样充满自然美但是没有坟墓的公园。

1850年，被誉为"美国公园之父"的美国设计师德鲁·杰克逊·唐宁（A. J. Downing，1815—1852年）实现了大众对充满自然美的户外公共空间的诉求。他负责规划并指导了华盛顿特区公地的改善，建立了美国首座为市民免费提供休憩场所的大型公园（见图1-2）。

4. 从"公园设计"到"景观设计"

1858年，被称为"美国景观设计之父"的弗雷德里克·劳·奥姆斯特德（Frederick Law Olmsted，1822—1903年）设计的纽约中央公园方案在三十多位参赛者中脱颖而出（见图1-3和图1-4）。他在方案设计中追求的

图1-2 美国华盛顿特区公地改善

图1-3 弗雷德里克·劳·奥姆斯特德

图1-4 美国纽约中央公园全景鸟瞰

主导目标是使景观体验富于可探索性,所有的设计要素都要服务于此。

他的设计基于人类心理学的基本原则之上,提炼升华了英国早期自然主义景观理论家的分析,深受景观的"田园式""如画般"品质的影响。他认为,田园风格是缓解城市生活不良影响的良策,而采用"入画"风格,大量配置各种各样的植物,能够获得一种丰富、广博而神秘的效果,有利于人们的身心放松。

5. 从景观设计职业到景观设计学科

在美国纽约中央公园的主持设计中,设计师被政府委任为"landscape architecture"。虽然公园的设计运用了英国早期风景园的风格,其主题为"绿地"(greensward);但是,更重要的是,设计师奥姆斯特德敏锐地意识到了在工业化、城市化大背景下,城市居民的游憩及亲近自然的需求,他综合考虑了生态、气候、交通组织、游览路线、原始地形、水体、绿化、灌溉、建筑、审美等,而这些已远远超出了传统风景园林师的工作范畴。由此,奥姆斯特德坚持把自己从事的专业从传统的"风景造园"(landscape gardening)中分离出来,定义该职业名称为景观设计"landscape architecture",而非风景造园"landscape gardener"。

1900年,哈佛大学首次在大学开设了景观规划设计专业课程,并在美国首创了四年制的景观规划设计专业学士学位。从某种意义上来说,以纽约中央公园的设计为起点,景观规划设计从此走向了独立的道路并发展成为一门新兴的学科。而哈佛大学的景观设计专业教育史代表了美国的景观设计学科发展史。

二、景观设计多学科关联

景观设计,是一门建立在广泛的自然科学和人文艺术学科基础上的综合性很强的应用学科,注重社会、生态、艺术三位一体的发展,其核心是协调人与土地及自然的关系。该学科在设计实践领域的广阔性、整体性、综合性等要求需要相关多学科知识及技术体系的支持与配合。

(一)景观设计与生态学

景观设计的宗旨是创造和优化人类的生活环境。随着环境问题成为人类关注的焦点,敏感的美国景观设计师们很早就注意到了生态学的重要性。他们认为,我们需要对各种影响规划设计地段的自然力量进行生态学意义的监测,以此判断怎样的景观设计形式更适合相应的自然条件。

在这样的背景下，麦克哈格的著作《伊恩·麦克哈格——设计遵从自然》以及他创造的以因子分层分析和地图叠加技术为核心的规划方法论"千层饼模式"在景观设计学界产生了巨大的影响。他提倡将景观作为一个生态整体来看，强调土地的适宜性。这不仅拓宽了景观设计学的学科视野，而且景观设计工作的意义也因为涉及整个环境可持续发展问题而变得更为重大。

（二）景观设计与地理学

在景观设计工作之初，我们需要对将要设计规划的场地的自然状况进行全方位的了解，这包括对场地的土地条件以及各项地理因子的详细勘察和系统分析。

在地理学领域，首先需要掌握的是自然系统学中的地质学、水文学、气象学，了解基地的土质土壤、地形起伏、风向等，尤其是对基地现状的分析和研究，由此最大限度地挖掘基地建设潜力，以及在设计中可以利用的各项资源，例如水资源、径流模式等；其次，了解环境科学中宏观气候对微观气候的影响，了解小范围气候、水文条件，研究其对动植物的影响，以期在方案设计中扬长避短，合理运用资源。

（三）景观设计与建筑学

建筑设计的核心是空间营造，而空间环境构成又是景观设计给人最直观的感受，因此，设计者必须对建筑学知识有较深层次的理解和掌握。

事实上，这两个学科之间是一种相辅相成的关系。建筑作为人们生活工作不可或缺的场所，不仅要有合理的功能、优美的外形，同时还要与周围的景观和环境相协调。为了满足这种要求，建筑不仅仅局限于室内外空间的营造，也需要融入景观设计，按照景观设计的原则，要求建筑自身的实用与外在的优美同周围的环境相融合。而在景观设计的过程中，对于各类景观元素的组合和布局，也需要借助建筑设计中处理空间关系的各类手法，诸如空间比例关系、空间的渗透与延伸、空间的引导与示意等。

（四）景观设计与城市规划

城市规划是为整个城市或区域的发展制订总体战略计划，确定城市建设的性质与规模，对城市的各项资源进行合理管理，以适应或达到城市和谐发展的要求。

现代景观规划设计在绿地系统规划方面可以作为城市规划的分支，它反映了城市绿色空间的规模及性质。它所涵盖的内容有四个方面：区域性的景观设计，设计对象是整个区域的整体空间布局以及水系、生态网络构建等；城市的景观设计，涉及城市各类空间景观结构，侧重处理户外空间与交通、植被等之间的关系；社区型景观设计，重点处理城镇居住环境的景观空间；风景旅游区景观设计，对现有的历史文化、自然资源进行保护和合理性开发建设。

（五）景观设计与园林学

纵观景观设计学科形成之前的园林发展历程，无论东方国家还是西方国家，景园建筑或造园活动都经历了上千年的历史，有了长时间的积累，形成了比较成熟的学科和技术。然而，随着工业社会的到来、信息时代的冲击、经济发展和社会意识形态的变革，园林的设计发展进程将进入更高一层的阶段。

在这样的时代背景下，不断出现的新型园林技术和材料将不断运用到新的景观建设活动中，其所运用的元素也逐渐脱离传统的主导，设计思潮也逐渐由"非此即彼"的二元论发展为"多元性"。换言之，过去的园林设计更多的是侧重于区域性景园营造和植物养护，而景观设计则走向了综合性更强的，既有宏观生态环境把控又有中微观景园空间多角度协调的多元设计时代。

（六）景观设计与植物学

植物是景观设计四大核心要素（土地、水体、植树、建筑）之一，也是景观要素中最重要的自然要素。它既是环境的构成，又是设计主题的烘托甚至是表现者。

在植物配置方面，需要掌握生态学、植物学、农学和林学等专业知识。一方面，需要尊重植物在景观设计中的重要地位，了解其习性，在选择上注重种植方式和季色搭配，把握其丰富空间的层次，体现季节变化，体现时空转变之美；另一方面，还需要注意植物的地域性，形成独特的地方特色，维持生物多样性。

（七）景观设计与工程技术学

在景观规划工作中，除了方案设计这一核心步骤以外，后期还需要方案实施与管理的环节。在这个环节中，需要大量工程技术领域的知识来配合。

在工程技术领域，需要掌握常规的工程技术及施工方法，这是实现设计意图的重要步骤。在园林工程施工方面，通常需要了解各类景观构筑物的结构、场地地质、构造、施工材料等多方面的知识。除此之外，还需要了解一定相关专业专项知识以配合后期施工管理，例如照明系统、给排水系统、市政管线系统等。

（八）景观设计与艺术美学

景观的塑造不仅仅表现在空间层面，还包含其内在的美学含义和人文精神。在方案的设计中，一方面，需要渗透地域文化、哲学内涵、历史资源等文化元素，从而提高景观空间的凝聚力和品质；另一方面，景观环境所呈现出来的美感也是通过多元化的美学元素和艺术审美来体现的，例如场地的平面构图、空间的立体构成、色彩的搭配与分布、各类景观元素的装饰纹案、雕塑的造型等，这些都需要有专业的美学知识做基础。

艺术既抽象也具象，艺术思潮经历了古典主义、后现代主义、新现代主义等。近千年时代的变迁，不断影响着设计师及普通民众的艺术审美观。延伸到景观设计中，在不同时代、不同阶段、不同项目中的不断演变和发展形成了不同的景观设计理念和风格。诸如彼得·沃克倡导的极简主义、玛莎·施瓦茨的后现代主义以及乔治·哈格里夫斯的大地艺术，无不体现着艺术思潮对景观设计风格的影响。

三、景观设计课程建设

从 1900 年美国哈佛大学首次开设"景观设计"课程至今，经过一百多年的发展和探索，各个国家已逐步形成了适应各自教育体系的、相对完善的课程结构。这其中，西方国家中主要以哈佛大学为代表，中国主要以同济大学为代表。

（一）美国哈佛大学景观设计教育体系

1. 授课类型

（1）设计课：着重设计实践技能的培养，广泛涉及与景观规划设计相关领域的技术与知识。

（2）讲授课和研讨会：讲授与探讨 LA 的历史、理论及设计方法。

（3）独立研究：在掌握了 LA 基本理论与方法论的基础上，开展某一方向的专门性研究，由导师指导，基本上能独立完成研究，撰写论文。

2. 教学课程体系

1）历史类

美国城市设计与发展，自然与城市——19 世纪的城市主义与景观设计，环境——1580 年到现在，美国城市历史——1870 年到现在，景观规划设计史，建筑史 1：建筑、本文和文脉——从蒙昧时代到 20 世纪，建筑史 2：建筑、本文和文脉——从远古时代到 17 世纪，郊区、大都市区和区域规划，美国建成区景观的现代化——1890—2000 年，北美沿海与景观——发现时代到现在，意大利的巴洛克庄园，探险与探险家——幻想与现实（1871—2025 年），法国建筑，乌托邦建筑，现代园林与公共景观——1800 年到现在，花园与城市化。

2）设计理论类

视觉景观、景观设计理论与概念、建筑学概论、建筑设计理论、研究方法论、美国城市设计与发展、景观规划理论、20世纪建筑与城市化的争论。

3）社会经济研究类

城市规划设计引论、城市政策和土地利用政策——私人和公共开发、住房及社区计划的设计与实施、应用经济分析、房地产经济和发展、发展中国家的城市化、交通政策、规划和管理、美国住房的设计和供给、城市形式、城市生活和城市理论、社会内涵与城市变迁、城市经济分析——地产市场和经济发展。

4）自然系统类

景观与区域规划的水文学，景观生态，地形分析，景观生态专题，可持续环境，河流、湖泊和实地的生态与恢复，场地生态学，发展中国家的生态问题，城郊生态学，植物配置1/2/3，景观技术。

5）景观技术类

建筑技术初步、景观技术基础、建筑结构分析和设计、建筑施工、建筑技术、景观技术、城市基础设施系统、桥梁——结构和形式、建筑技术高级研讨课、信息技术与设计、地理信息系统、计算机辅助景观规划设计专题。

（二）中国同济大学景观设计教育体系

1. 授课类型

（1）讲授课和评论：讲授景观及园林设计的各项理论知识、设计方法、相关实践案例的剖析与评论。

（2）设计课和评图：设计项目方案实践技能的培养、设计方案的交流与评析。

（3）教学实践与实习：对景观设计实际项目场地进行勘察，完成其对景观元素的认知、环境测绘的训练、场地情况的剖析。

（4）教学拓展：课内外专业讲座、行业内技术与思想的交流。

（5）独立研究：在掌握基本理论与方法论的基础上，对景观设计的具体某一方向或者专题进行深度研究，以报告或论文的形式呈现。

2. 教学课程体系

1）历史文化类

城市历史与文化保护、中外文化比较、景观文化与美学、遗产保护与发展、历史城市旅游规划方法、传统文化学、环境伦理、中外园林史。

2）设计理论类

生态学原理、景观学概论、景观规划设计原理、城市绿地规划原理、风景区规划原理、风景资源学、风景游憩学、旅游规划方法论、中外景观比较、人类聚居环境学、园林植物与应用、景观生态与应用。

3）设计实践类

建筑设计1/2/3、广场设计、公园与生态设计、传统园林设计、居住区规划设计、风景旅游规划设计、风景与旅游区总体规划、种植与生态专项设计。

4）景观技术与管理类

地理信息系统原理及应用、遥感与GIS概论、计算机辅助设计、景观工程与管理技术、景观管理政策与法规。

（三）东西方国家景观设计教育体系对比

美国是现代景观设计教育体系建立较早的国家之一。其中，美国的艺术学院、农林学院、建筑学院等大多都开设了景观设计专业，景观设计学科也主要设在这三类院校中。各种不同学科背景的学院开设同一种景观设计专业，在专业教育上形成了各自的特色，其发展优势互补、各具特色。至今，美国的景观设计教育教学形成了生态、社会与艺术三位一体的教学模式，注重社会价值、生态价值和美学价值三位一体的综合运用。在教学方法上，重视学生独立解决问题能力的培养，注重启发式教学方法，锻炼了学生的创造力。

英国的景观设计教育培养目标以培养设计实践能力与理论知识并重的专业景观建筑师为目的，注重理论与实际的结合是其景观教育的特点，因此在这种教育模式下训练出来的学生阅历丰富，知识面也较为广泛，对一般设计概念的认识亦较深刻，进而在进行景观设计和创作时考虑的问题层面也较广泛，能形成自己独到的概念与见解，对一般问题的思考亦较深入细致。

英国景观设计教育课程设置非常严谨，景观教学注重学生综合能力的培养和综合知识的训练，教导学生较全面地认识自然生态景观和人文景观及景观设计可能面对的问题，使学生具备良好的学术研究基础和设计技能技巧，并兼备艺术和科学的综合性知识，使之能做出清晰的理解与判断，使之具备良好的与业主和甲方互相沟通的能力。

我国的景观设计教育由 20 世纪 50 年代的园林设计逐步发展而来。到了 90 年代初期，建筑类院校、农林类院校及艺术类院校等几类院校的相关专业和学科逐渐地进行交叉与融合，慢慢形成了现代景观设计学科的雏形。

在我国人口暴增、资源锐减、环境恶化的当前社会背景下，寻求人居需求与客观环境的协调关系成为我国景观规划设计学科的重要任务。围绕这个重要任务，教学框架将生态学、人类行为学、规划设计学、设计艺术学作为最根本的教学内容，以此为基础构建多学科交织的知识体系，让学生对景观设计学科有清晰的系统认知，了解学科的核心目标、特性以及实践操作方法。教学内容紧随社会和相关学科发展的步伐，从景观学科独有的角度去看待和思考不断产生的新问题，对其进行研究和总结。

专业实践能力的培养是我国景观教学的核心环节。教学目标在于通过全面系统的专业训练，让学生具备理性、睿智、良好的审美能力、思维能力和方案构思能力，能迅速融入不同的合作团队和工作环境中，有序梳理设计任务和复杂问题，能针对不同尺度的空间，提出专业化的设计理念，并进行实践操作。

第二章

景观规划设计类型

JINGGUAN GUIHUA SHEJI LEIXING

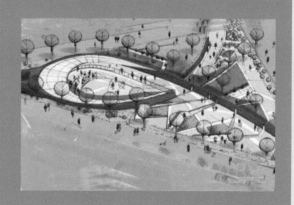

"景观"在实际空间中所涉及的区域和范围非常广泛，景观规划与设计的工作范畴也非常庞杂，可以从景观资源、服务对象、景观功能、空间类型、设计尺度和深度等多方面进行分类。按尺度分，景观设计可分为宏观景观设计、中观景观设计、微观景观设计；按空间类型分，景观设计可分为城市绿地系统规划、乡村景观规划、城市道路绿地景观设计、城市公共空间景观设计等；按照城市功能分，景观设计可以分为居住区景观设计、商业区景观设计、产业园区景观设计等；按环境特性分，景观设计可分为滨水景观、历史地段景观更新等。

无论是天然的风景景观资源，还是人工营造的城市景观，或者大到宏观尺度的城市总体绿地分布，小到微观尺度的景观设施及小品设计，都隶属于景观设计范畴，而其服务对象既包括泛指的城乡居民，也包括有针对性的个体空间人群，例如居住区居民、学校师生、厂区职工等；而就空间类型而言，无论是服务于市政工程的道路景观，还是服务于大众休憩的城市公园、供人群集散活动的广场，都承载着不同的功能导向，且都具有独特的设计意义。

第一节
自然乡野景观规划

一、乡村景观规划

（一）乡村景观的含义

乡村景观，是一种不同于城市景观和自然景观的独特的景观，是世界上出现的最早，而且在全球范围内分布最广泛的景观类型。按照地理学和景观生态学，乡村景观被定义为：在乡村地域范围，由农田、果园、林地、农场、水域、村庄等不同的土地单元构成的嵌块体，主要体现农业特征；它是由乡村聚落景观、乡村经济景观、乡村文化景观和自然景观构成的环境整体。

（二）乡村景观的类型

1. 乡村生态景观

乡村生态景观分为平原乡村生态景观和山地乡村生态景观。

平原乡村生态景观：平原地区耕地面积较大，视野开阔，规整的长方形农田景观是乡村景观的本底，少量的村庄及房前屋后的绿化种植是乡村景观中的斑块，纵横交错的灌溉水渠是廊道，它们综合构成了平原地区乡村网状的自然景观（见图2-1）。

山地乡村生态景观：山地地形使景观更能体现地理特点和地域特色，是乡村景观规划的有利因素。山坡上自然生长的树木是乡村景观的本底，村庄及其附近的少量农田是其中的斑块，自然的河流和建设的公路是廊道（见图2-2）。

2. 乡村生产景观

乡村生产景观主要包括种植业景观和养殖业景观。种植业景观以农田原始的生态景观和乡土植物群落为主（见图2-3），养殖业景观包括牧业景观和渔业景观（见图2-4）。在牧业景观中，动物是最主要的组成部分，以分

图2-1 平原乡村生态景观

图2-2 山地乡村生态景观

图2-3 乡村种植业景观

图2-4 乡村养殖业景观

析动物所需要的生活环境，制定相应的环境建设措施为主要设计任务。渔业景观是农业景观中最具吸引力的景观，具体应包括海洋、滩涂、内陆水域和低洼荒地等，适当开挖人工水域，保护水源并提供鱼类生存的场所，能达到丰富乡村景观的目的。

3. 乡村聚落景观

坐北朝南、依山傍水是中国传统聚落和建筑选址的基本格局，由此形成的村庄聚落与自然环境巧妙地结合为一个有机整体，具有典型的生态学意义（见图2-5）。

乡村聚落景观建设，重点在于保护有历史文化价值的古村落和古民宅，充分挖掘乡村村落的内涵和特色，注重乡土特色、地方特色和民族区域差异、文化功能差

图2-5 乡村聚落景观

异等，充分考虑人类对生存环境的依赖性。乡村聚落的民房住宅、道路水系、绿化种植、景观开放空间的设计均应注重场所精神。

（三）乡村景观规划设计内容

（1）景观生态要素分析。景观生态系统要素包括气候、地质、植被、水文等，其特征及作用研究都表现了诸多自然因素和人为因素的互相作用和互相影响。

（2）景观布局规划与生态设计。布局规划与生态设计主要有几种：规划各种土地利用方式、生态过程的设计规划、生态环境的设计以及特色乡村景观类型的规划设计等。

(3) 景观空间结构与布局。景观的空间组合形态及群体空间组合形式是研究乡村景观空间结构与功能是否合理的主要因素。

(4) 景观生态分类。结合乡村景观特点，在景观的功能特征及其空间形态的异质性进行景观单元分类的基础上对景观结构及其空间布局进行合理研究。

二、自然风景区景观规划

（一）自然风景区景观规划的含义

自然风景区是城市六大绿地类型之一，在城市绿地系统中占有较大的比例。它是经政府审定命名的风景名胜资源集中的地域。它具有丰富的自然美学价值、地域代表性、人文历史文化价值，是生态环境优良的风景资源。在自然风景名胜区，可开展游览、审美、科研、科普、文学创作、度假、锻炼、教育等活动。

总体来讲，自然风景区旅游景观规划是从区域的角度，从区域的基本特征和属性出发，把为旅游业服务作为主要目的，对自然环境进行人为的综合设计规划，使之更加符合人类审美观的一种行为过程（见图2-6）。设计者通过自己的理念、图纸、文字和图片来对旅游风景区进行一种改变，使之更加符合人们对于自然的审美，使人类能更舒适地接近自然、感受自然。

图2-6　某自然风景区景观规划总平面图

（二）自然风景区景观规划的内容

自然风景区景观规划的内容，具体分为互利共生、协调发展的四个部分。

（1）区域的自然生态环境系统，以景观环境调查为基础，评价旅游景观利用状况的适宜性，以及旅游景观格局分析。

（2）区域的旅游景观设计系统，主要对结构、功能、动态等方面对旅游景观生态过程进行研究，探讨景观的最佳利用结构、格局，对旅游景观进行合理设计。

（3）区域的旅游经营活动系统，主要从满足旅游者多样化需求的旅游活动、旅游设施与生态环境的关系进行研究，提出人与景观和谐共生的旅游经营活动方式。

（4）区域的旅游景观保护系统，通过旅游环境效益和经济效益监测，实施有效的景观管理和景观保护，以实现旅游景观的多样性和稳定性。

第二节
城市绿地景观规划

一、城市绿地系统规划

（一）城市绿地系统规划的含义

从城市规划层次的从属关系而言，城市绿地系统规划是城市总体规划的一个重要组成部分，它是从宏观角度对城市规划用地范围内各种城市绿地进行定性、定位、定量的统筹安排，形成具有合理结构的绿地空间系统，以实现绿地所具有的生态保护、改善城市小气候条件、美化生产生活条件、服务居民游憩休闲和社会文化等功能的活动。

这其中的绿地系统按城市功能可分为生活绿地、公园游憩绿地、生产绿地、交通绿地、防护绿地、风景林地、自然生态绿地等。

（二）城市绿地系统布局模式

城市绿地系统的布局常用模式有六种，即点状、环状、网状、带状、放射状、楔状等，图2-7所示为其中的四种。不同的城市可根据各自具体情况，在这六种基本模式的基础上进行新的组合，如点网状、环网状、放射网状、混合型等。

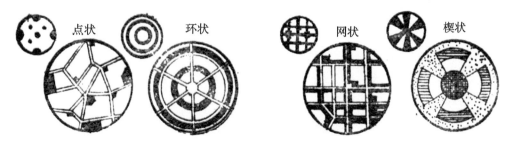

图2-7　城市绿地系统布局模式示意图

1. 点（块）状绿地布局

这种模式主要出现在旧城改建过程中，利用一些宝贵的零碎空间进行绿化，多以小面积的点状绿地均匀分布，方便居民使用，但对构成城市整体艺术风貌作用不大，对改善城市小气候条件的作用不明显。如上海、武汉、大连等老城区的绿地建设。

2. 环状绿地布局

该模式在外形上呈现出环形状态，一般出现在城市较为外围的地区，多与城市环形交通线（如城市环线、环线快速路等）同时布置，绝大部分以防护绿带、郊区森林和风景游览绿地等形式出现，在改善城市生态和体现城市艺术风貌等方面均有一定作用。例如上海中心城区绿地系统分布。

3. 带状绿地布局

带状绿地系统一般与城市河湖水系、城市道路、高压走廊、古城墙、带状山体等结合布局，形成纵横交错绿带、放射状绿带与环状绿地交织的绿地网。带状绿地容易表现城市的艺术风貌。兰州、苏州、西安、南京等城市都有带状绿地（见图2-8）。

4. 楔状绿地布局

由城市外围或者郊区沿城市辐射线方向伸入城市内部的由宽变窄的绿地为楔状绿地。它一般与城市的放射交通线、河流水系、起伏山体等要素结合布局。同时，还应考虑与城市的主导风向一致，便于城市外围气流的进入。优点是城市通风效果较好，也便于城市艺术风貌的体现，如合肥市绿地系统规划（见图2-9）。

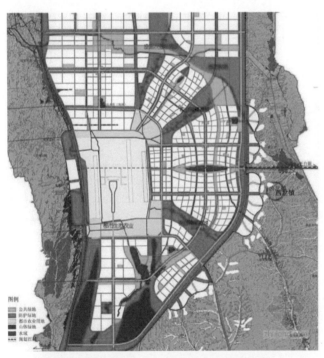 

图2-8 带状绿地——兰州新区绿地系统规划　　　　图2-9 楔状绿地——合肥绿地系统规划

5. 混合型绿地布局

前几种形式综合运用，可以很好地与城市的各种要素进行结合，尽可能地利用原有的水文地质条件、名山大川、名胜古迹，形成独特的绿地系统布局；可以做到城市绿地点、线、面的结合，组成比较完整的体系；可以使生活居住区获得最大的绿地接触面，方便居民休憩娱乐，改善城市生态小气候；有助于丰富和体现城市总体和局部地区的艺术风貌。

二、城市道路绿地景观设计

（一）城市道路绿地景观设计的含义

城市道路作为城市环境的重要表现环节，是形成城市布局的总体骨架，也是人们感受城市风貌及其景观环境最重要的窗口。

城市道路绿地与城市各类绿地一起系统地为城市发挥着交通构架、设施承载、安全防护、景观美化、生态、游憩等功能。同时，道路景观及绿化与城市道路一起，体现着城市的景观特色和艺术风貌。

（二）城市道路绿地的类型

按照城市道路的形态结构及功能，可大致将城市道路绿地分为四大类：道路绿带、交通岛绿地、广场及停车场绿地、景观型道路绿地。

1. 道路绿带

（1）分车绿带：车行道之间可以布置绿化的分隔带，如图2-10所示。

（2）行道树绿带：布置在人行道与车行道之间，以种植行道树为主的绿带，如图2-11所示。

（3）路侧绿带：在道路侧方，布置在人行道边缘至道路红线之间的绿带，如图2-12所示。

图2-10　分车绿带　　　　　　　图2-11　行道树绿带　　　　　　　图2-12　路侧绿带

2. 交通岛绿地

（1）交通环岛绿地：为便于疏导车辆，设立在十字路口或较大交通干线交汇处的环形交通设施用地上的绿地。

（2）中心岛绿地：位于交叉路口的交通岛绿地，如图2-13所示。

（3）导向岛绿地：位于交叉路口上可设置绿化的导向岛绿地，如图2-14所示。

（4）立体交叉绿岛：互通式立体交叉干道与匝道围合的绿地，如图2-15所示。

图2-13　中心岛绿地　　　　　　　图2-14　导向岛绿地　　　　　　　图2-15　立体交叉绿岛

3. 广场及停车场绿地

广场、停车场范围内的绿地景观。

4. 景观型道路绿地

园林景观型道路绿地是指在城市重点路段，强调沿线绿化景观，体现城市风貌及绿化特色的道路绿化形式，具体包括：

（1）装饰绿地：以妆点、美化街景为主，不让行人进入的绿地，如图2-16所示。

（2）开放式道路绿地：绿地中铺设游览步道，设座椅等，供行人进入游览休憩的绿地，如图2-17所示。

图2-16 装饰绿地

图2-17 开放式道路绿地

（三）城市道路绿地景观设计内容

1. 道路线形设计

城市道路的平、纵、横设计是道路绿地景观设计的核心内容，在道路设计的整个过程中对交通畅通和交通安全的影响最大。一段时间以来，很多人把绿化设计作为景观设计的核心内容，这是一个认识上的误区。优美的道路空间线形应是：平、纵、横线形良好的配合，线形平顺流畅，行车舒适并富有安全感。

2. 路面及铺装的设计

路面是人们步行与车辆通行的行为场所。无论是展现在图面上的还是铺设在实际地面上的，路面都能成为道路景观的基调。路面是各种构成道路要素中感觉最全的要素。路面具有的视觉效果是指给人们视觉上带来的快适性、赋予街道特征的主体性、沿街建筑群体地面给街道景观带来的整体性等。

3. 街景的设计

街景是道路景观的一个重要组成部分，仅由道路设施来形成城市中街道景观的情况很少，大多数情况是由沿街建筑物构成的景观，也就是说，建筑景观起着重要的作用。同时，沿街地区设置的各种设施也是构成街道景观特征的要素。道路景观是一种"和道路的交流"，是与建筑景观不可分割的。

4. 绿化设计及植物配置

城市道路的绿化设计是道路连续景观"线"的主要表现形式，构成了道路景观的基础。如果说道路的平、纵、横设计是景观设计的内涵，那么绿化设计则是景观设计的外在体现。良好的绿化设计能调整道路使用者的心态，减轻其行车的紧张状态，消除视觉疲劳，加强了行车的安全性。

植物配置一般会考虑当地城市的气候条件以及常用植物，然后从艺术效果、色彩组合、功能等方面对乔木、灌木、地被植物及各类花卉进行搭配。

5. 节点设计

在城市街道网络中，我们选择交叉点、桥、站前广场、停车场、地下出入口、隧道、步行天桥、路旁广场等作为节点，因为它们在街道网络划分中具有像标点符号那样的效果，具备形成街道景观的重要作用。它们不仅是眼睛可以看得见的形态，而且也是在街道空间移动中体验形成的印象，是作为街道空间节点被记忆的场所。但是，并不一定因此就将它们作为在街道网络中显著的存在而设计得非常醒目。有些场所作为节点应该醒目，有些设施在节点的空间中，则要谨慎地控制其存在感。

第三节
城市公共空间景观设计

一、城市公园景观设计

(一) 城市公园景观设计的含义

城市公园绿地是城市中向全社会公众开放的、以游憩为主，并提供游览、锻炼、交往、集会等多重功能，有一定的游憩设施和服务设施，同时兼有健全生态、美化景观、防灾减灾等综合作用的绿化用地。它是城市建设用地、城市绿地系统和城市市政公用设施的重要组成部分，也是展示城市整体环境水平和居民生活质量的一项重要指标。

从19世纪发展至今，城市公园已经成为城市环境中最为重要的公共开放空间，同时也承载着城市赖以呼吸的"绿肺"功能，其生态价值及美学价值是衡量一个城市发展建设水平的重要指标。城市公园不仅仅是改善生态环境的重要载体，而且对于城市局部小气候的改造以及城市各类污染如粉尘、尾气等的抑制均起到很大的推动作用，是城市宜居建设进程中的核心要素。

(二) 城市公园的分类

1. 按城市空间规划类型分类

城市公园分为自然公园、综合性公园（见图2-18）、居住区小游园、社区公园、线形公园（滨河绿带、道路公园）、专类公园等。

2. 按服务半径分类

城市公园分为邻里公园、社区性公园、全市性公园等。

3. 按面积分类

城市公园分为邻里性小型公园（2公顷以下）、地区性小型公园（2至20公顷之间）、都会性大型公园（20至100公顷之间）、河滨带状型公园（5至30公顷之间）等。

4. 按公园的服务对象和功能分类

城市公园分为城市综合公园、儿童公园、专项公园（植物园、盆景园等）、森林公园、历史纪念园、体育公园、主题公园（汽车公园、雕塑公园等）、文物古迹公园等。

二、城市广场景观设计

(一) 城市广场景观设计的含义

城市广场是有边界限定的功能针对性较强的城市公共开放空间，常被誉为"城市的客厅"，是物质要素（硬质

A区:小儿嬉戏区
B区:外交文化区
C区:茶文化区
D区:仕途文化区
E区:女性文化区
F区:道教文化区
G区:饮食(酒)文化区
H区:歌舞文化区
I区:帝王文化区
J区:诗歌文化区
K区:迎客交流区
L区:佛教文化区
M区:民间文化区
N区:水体景观区
O区:大门景观文化区

面积:998亩
其中水面面积:约300亩
绿地面积:约440亩
道路广场面积:约158亩
建筑面积:近150亩

图2-18　综合性公园——西安大唐芙蓉园景观规划平面图

景观和软质景观)和非物质要素(人的活动)的复合物。它承担着诸如公众集聚、休闲、活动、纪念、交流场所、景观绿化、空间造型、美化环境等多重城市功能,是城市空间构成的重要组成部分。其主要的实体构成元素包括基面、边界、景观设施,具体配置元素包括铺地、喷泉、雕塑、草坪、种植、景观装置等,通常运用规则的几何轴线或者非规则的曲折流线来营造流动的公共活动空间。

(二)城市广场景观设计的类型

按实际功能和城市区位的不同,城市广场景观设计可分为市政广场景观设计、商业广场景观设计、纪念性广场景观设计、休闲娱乐广场景观设计、宗教广场景观设计、交通广场景观设计等。

1.市政广场景观设计

市政广场一般位于城市中心位置,通常也是政府、城市行政中心,是政治、文化集会、庆典、游行、检阅、礼仪、传统民间节日活动的举办场地(见图2-19)。市政广场景观设计一般要求面积较大,设计时以硬质铺装为主,不宜过多布置娱乐性建筑及设施,这样便于大量人群活动。

2.商业广场景观设计

商业广场一般设计在商业中心区,主要是用于集市贸易和购物的广场(见图2-20)。商业广场景观设计的方式一般是把室内商场和露天、半露天市场结合在一起。商业广场景观设计一般采用步行街的布置方式,广场中布置一些建筑小品和休闲娱乐设施,这样能使商业活动区比较集中,同时满足购物休闲娱乐的需求。

3.纪念性广场景观设计

纪念性广场的设计目的是纪念某个人物或某个重要事件。因此,纪念性广场景观设计时一般会在广场中心或

图2-19 市政广场景观设计

图2-20 商业广场景观设计

侧面设计纪念雕塑、纪念碑、纪念物或纪念性建筑作为标志物，并且会有很明确的空间轴线序列，例如德黑兰自由纪念塔（见图 2-21）、加拿大红色广场（见图 2-22）等。为了满足象征要求，一般主题标志物位于中心，为了突出纪念主题的严肃性和文化内涵，纪念性广场应该尽量设计在宁静的环境气氛中，而不应该建设在喧哗的商业区和娱乐区。

图2-21 纪念性广场——德黑兰自由纪念塔

图2-22 纪念性广场——加拿大红色广场

4. 休闲娱乐广场景观设计

休闲娱乐广场主要是供人们举行一些娱乐活动的。休闲娱乐广场景观设计比较灵活，因为主要是为了方便市民，广场应具有欢乐、轻松的气氛，并以舒适、方便为目的。广场中应该布置台阶、座凳等供人们休息，设置花坛、雕塑、喷泉、水池及城市小品供人们观赏（见图 2-23）。

5. 宗教广场景观设计

宗教广场布置在宗教建筑前，主要是用来举办宗教仪式的。宗教广场景观设计在设计上一般通过庄严的几何轴线关系、体量相对宏伟的景观设施如大型雕塑等的

图2-23 休闲娱乐广场景观设计

布置来体现宗教文化氛围，梵蒂冈的圣彼得广场是典型代表（见图 2-24）。

6. 交通广场景观设计

交通广场是交通的连接枢纽，起交通、集散、联系、过渡及停车作用，并有合理的交通组织。交通广场通常

分为两类：一类是环岛交通广场，位于道路交叉口处的交通广场；另一类是城市交通内外会合处如汽车站、火车站前的广场等（见图2-25）。这类广场景观设计的主要功能是疏导交通，对于第一类交通广场，可以在广场中心和道路两旁做适当的绿化和花坛的布置，以增强美观性。

图2-24　宗教广场——梵蒂冈的圣彼得广场

图2-25　交通广场景观设计——资阳市成渝高铁站前广场

三、标志性景观设计

（一）标志性景观设计的含义

标志性景观，广义上是指某一区域、某一场所中位置显要、形象突出、公共性强的人工建筑物或自然景观或历史文化景观。它能体现所处场所的特色，对周围一定范围内的环境具有辐射和控制作用，融合相应的人文价值，经时间的沉淀，成为人们辨别方位的参照物和对某一地区记忆的象征，同时也是极具吸引力的城市核心景观。

标志性景观具体包含两种理解：一种是把标志性景观等同于标志性建筑，单指一座塔或者一栋楼等这样单纯的人工创造物，譬如广州塔、上海东方明珠电视塔、悉尼歌剧院等；另一种认为，标志性景观应该指一个城市或一个区域内用来浓缩和集中反映该区域自然、文化与经济特征的特殊地段，即相当于区域内的一个典型而特殊的空间形态。

（二）标志性景观的类型

1. 主导空间界面的引导型景观

引导型视觉主导空间界面在视觉空间形态上拥有狭长的视线通廊，并通过可到达的路径引导。此视觉空间界面适宜人行尺度，而城市地标作为视觉焦点也起到了很强的引导作用，典型代表有法国巴黎的埃菲尔铁塔（见图2-26）。

2. 主导空间界面的扩展型景观

扩展型视觉主导空间界面以城市为背景，并且地标性建筑也作为城市天际线的一部分。此视觉空间界面类型必须拥有开阔的视野，能看到完整的城市景观界面，而地标性建筑并非是绝对的主景，而会成为整个视觉界面中一个重要的元素。整个视觉界面拥有扩展性，环境特征受城市地标的主导趋于统一。

另外，扩展型视觉主导空间界面须结合相对高程更高的视点，有可能观察到多重地标，此时城市地标不再是单一的视觉焦点，转而成为地标间视线通廊的端点或拐点，起到视觉景观序列的起始或转折作用（见图2-27）。

3. 主导空间界面的残缺型景观

在残缺型视觉空间界面中，城市地标并不起视觉主导作用，由于障碍物的遮挡，标志物的景观面残缺不全，

图2-26 引导型标志性景观——巴黎埃菲尔铁塔

图2-27 扩展型标志性景观——武汉龟山电视塔沿江景观

或是只露出一部分。在这样的视觉空间界面中，城市地标的视觉影响最低。视线往往被前方的构筑物所吸引，标志物混于众多的要素中，视觉界面却具有一定的趣味性，成为视线寻找的方向和动力，指导观察者进一步探索。（见图 2-28 和图 2-29）

图2-28 残缺型标志性景观——布拉格占星天文钟楼一

图2-29 残缺型标志性景观——布拉格占星天文钟楼二

第四节
居住区景观设计

一、居住区景观设计的含义

居住区是以居住功能为核心的生活型社区，其主要服务对象是居民，当今社会人们十分注重生活环境的品质，对居住环境越来越追求人与自然的和谐。由此，居住区景观设计也得到了很高程度的重视。

居住区景观营造主要承载着几种功能：①生态环境功能，即为居住区创造绿色生态空间，形成良好的微气候小环境，促进人与自然元素在室外空间里的和谐互动；②休闲活动功能，即为居民创建安全、卫生、整洁、设施齐全、有吸引力的户外休闲、集会、健身养生、交往的社区公共活动场所；③景观文化艺术功能，即通过不同的景观塑造风格、丰富的植物配置、富有个性和文化特色的景观小品等来共同打造有美学价值及文化内涵的社区景观空间，从而提高居住区的文化品位，激发空间吸引力。

居住区景观规划设计的主要营造宗旨在于：①注重或强调社区的功能性特征；②通过对各类景观元素的组织，增强社区空间的凝聚力和吸引力，突出其社区文化属性；③创建有价值的互动交往空间，注重社区成员心理环境的营造，增强社区归属感。

二、居住区景观设计的类型

根据居住区的功能及区位布局，居住区的景观主要可分为入口区景观、绿地景观、水体景观等。

1. 入口区景观

居住区入口景观是居住区和城市街道的连接点，也是展示居住区对外形象的重要窗口（见图2-30和图2-31）。首先，除了要满足人流或者物流的流通以外，入口景观各元素（门体、广场、设施、铺装、种植、建筑物、色彩、雕塑等）的设计需要充分考虑交通疏散、路线引导、标识、安全等功能要求；其次，入口景观的形式也需要随着功能要求的不同而各具特色。

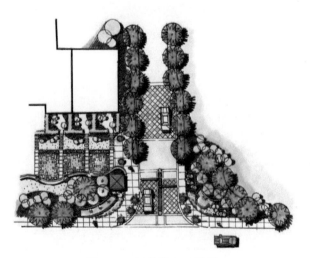

图2-30　居住区入口景观一

图2-31　居住区入口景观二

2. 绿地景观

1）核心绿地景观

居住区核心绿地景观一般位于居住区中心地段，占地面积较大，景观造型相对集中，具有一定的规模，是居民在社区内日常活动使用频率最高的公共绿地（见图2-32）。其设计主要包括绿化种植设计、住区核心景观形象塑造、户外活动场地三方面的内容。设计元素以硬质景观（场地、铺装、设施、景观小品等）为主，以软质景观（植物、水景）为辅。

2）组团绿地景观

组团绿地主要服务被小区内部道路分隔而形成的住宅组团，一般靠近住宅，面积略小（见图2-33）。其设计侧重点在于更有针对性地为住宅组团居民，尤其是老年人和儿童，营造尺度宜人、舒适、有氛围的中小型景观空间和有归属感及领域感的休憩、交往的活动场地。

3）宅前绿地景观

宅前绿地是住户每日必经且使用频率非常高的过渡性空间。它在很大程度上缓解了现代住宅单元楼的封闭隔离感。其面积、形状和空间性质会受到地形、住宅组群等因素的制约，形态相对紧凑。多数情况下，以富有层次

图2-32　居住区核心绿地景观

图2-33　居住区组团绿地景观

感的种植为主要景观元素，观赏性较强。

3. 水体景观

水体景观属于软质景观元素的一种，不仅有利于营造居住区的生活意境，与其他景观元素形成有效的生态互动，同时也为居民提供了有趣的娱乐资源，并且具有较高的艺术观赏价值，在居住区景观塑造方面扮演着非常重要的角色。

水体的形式和设计类型十分丰富，分类角度也非常多元化。常见的水景形式包括水池、喷泉、跌水、水幕、涌泉、溪流、泳池等。就设计类型而言，按水的情态，水景可分为静态水景和动态水景；按照设计风格，水景可分为古典式水景（见图2-34）、现代式水景等；按照水的平面形式，水景可分为点状水景、带状水景、自然式水景。通过点、线、面的呼应与对比，水景可以产生出丰富变化的空间，同时可增强景观的可读性与趣味性。

图2-34　某居住区古典式水体景观效果图

第五节

景观专项设计

一、景观小品及设施设计

图2-35　装饰性景观小品——雕塑

景观小品是景区中体量较小的，为园林管理及方便游人之用的小型设施。它一方面对空间起点缀作用，一方面为景区提供休息、装饰、照明、展示等功能。它一般没有内部空间，体量精巧，造型别致，也可称之为放置在室外环境中的艺术装置（见图2-35）。

景观小品、设施和人们的生活有着很密切的关系。它不仅拥有一定的满足服务需求的实用功能，同时还拥有很强的艺术欣赏价值，具有一定的精神寓意。它具体可包括装饰性景观小品（如雕塑、壁画、水池、花架等）、生活设施类景观小品（如座椅、亭、垃圾桶、洗手池等）和展示设施类小品（如路牌、防护栏、道路标志等）。

景观小品专项设计主要是为了在景观总体规划中起到以下作用。①组景作用：对于一个有序的空间景观来说，景观小品一方面作为被观赏的对象，另一方面又作为人们观赏景色的场所，因此设计时常常使用景观小品串联景观轴线，使景观环境更为生动，画面更富有诗情画意。②成景作用：景观小品本身也可以成为"景"的一部分，景观小品与周围环境相呼应可组成佳景。③实用作用：最大限度地从人的角度出发为人们在景区中的活动提供最好的功能性服务是景观小品的核心意义，包括服务功能、休憩功能、安全保护功能、信息传达功能等。

二、景观种植设计

景观植物配置是景观规划设计中一项重要的专项内容，即按照植物生态学原理、园林艺术构图和环境保护的要求，合理配置园区中的各类植物（乔木、灌木、花卉、草本、地被、攀援植物、岩生植物、水生植物等）（见图2-36），从而创造各种优美实用的景观空间环境，以充分发挥园林景观的观赏功能和审美功能以及生态效益，使人居环境得以改善。

图2-36　植物群落组合

园林植物配置需要遵循植物生长的自身规律及对环境条件的要求，因地制宜、合理科学地配置。园林植物配置主要包括两个方面：一方面是各种植物相互之间的配置，考虑植物种类的选择，树丛的组合，平面和立面的构图、色彩、季相以及园林意境；另一方面是园林植物与其他园林要素如山石、水体、建筑、园路等相互之间的配置。

三、景观照明设计

（一）景观照明设计的含义

景观照明设计的主要内容是把景观特有的形态和空间内涵在夜晚用灯光的形式表现出来，重塑景观的白日风范，以及在夜间独具的美的视觉效果，打造更加适宜的观赏意境和环境。

景观照明设计的目的是增强对物体的识别性和营造环境的氛围，提高夜间出行的安全度，保证游人晚间活动的正常开展。其最基本的要求是要保证游人的游览安全，具体标准是能够较为清晰地识别园内方向和景物，并在此基础上开展各类休闲和行为活动。

（二）景观照明设计的类型

景观照明大致可分为道路照明、场地照明、水景照明、绿化种植照明、景观小品照明等。

1. 道路照明

道路照明应根据道路的宽度和功能确定，作为主干道且道路较宽时可考虑使用路灯或庭院灯。使用路灯时，一般灯杆间距可按 25~35 米设置；使用庭院灯时，灯杆间距可按 15~25 米设置，灯杆高度为 3.5~4 米。作为宅间路，步行路、林间小路等道路较窄时可考虑使用庭院灯或草坪灯，草坪灯间距为 $3.0H$~$5.0H$（H 为草坪灯距地安装高度）。草坪灯的设置应避免直射光进入人的视野。

2. 场地照明

通常情况下，采用向下照明方式可以更好地实现对场地景观的烘托效果，并要充分地运用光线、光色和灯具选型的合理搭配（见图 2-37）。场地空间较大时，采用高杆灯置于场地外侧两端，再辅以若干投光灯于建筑物棚架上，可以达到很好的照明效果；还可以运用柱灯、庭院灯及埋地灯的合理搭配，来营造独特的场地视觉效果。另外，场内如有花坛，可适当地安装草坪灯。

3. 水景照明

水景照明包括喷泉照明、喷水池照明、人造瀑布照明、水幕帘照明等。喷泉照明的灯具一般安装在水面下 10~30 毫米为宜，光源采用金属卤化物灯或白炽灯；喷水池照明可采用在水下的投光灯将喷水水头照亮；人造瀑布照明和水幕帘照明的灯具一般装在水流下落处的底部（见图 2-38）。

图2-37 景观场地照明

图2-38 水景照明

4. 绿化种植照明

绿化种植照明主要对树木照射，投光灯安装在地面。对相对独立的大树，可在树下安装两只金属卤化物灯向上投射，形成一种特写的效果。对成排成行的树木，可采用埋地型投光灯，安装于树与树之间，产生一种朦胧的美感。对于成片的树林，可分布多只投光灯，分别照射高低树木的树干，具有丰富的立体感。

5. 景观小品照明

一般以突出景观小品的形态、质感，增强立体感为主要目的，在方法上常选择侧光、投光和泛光现结合的布设形式。具体的灯具数量和位置要根据小品的形态来判定，但是要注意的是，避免高强度、高亮度的直接灯光照射。

第三章

景观规划设计构成

JINGGUAN GUIHUA SHEJI GOUCHENG

第一节
景观规划设计物质要素

一、地形

（一）地形的含义

地形指的是地球表面三维空间的起伏变化，具体指地表以上分布的固定性物体共同呈现出的高低起伏的各类形态。简言之，地形就是地表的外观，是外部环境的地表因素。

首先，地形是一个实用要素，它是景观设计基本的场地和形态基地，起着骨架和定位空间的作用，能引导观景，同时还可以承载场地排水的功能；其次，地形还是一个美学要素，地形自身也能创造出优美动人的景观供人们欣赏，如著名的喀斯特地形和丹霞地貌。地形对任何规模的景观的韵律和美学特征都有着直接的影响，还会影响人们对户外空间的范围和气氛的感受。

（二）地形的类型

地形可以通过各种方式和途径加以归类和描述，其中包括规模、形态及地质构造特征。按地形的规模，我们可以将地形划分为大地形、小地形和微地形三类。

1. 大地形

在自然式景观中，由于地形的自然起伏形成了复杂多样的类型，如山地、高原、丘陵、盆地、草原及平原等，这些被称为"大地形"。

（1）山地：海拔在500米以上的高地，起伏很大，坡度陡峻，沟谷幽深，一般多呈脉状分布。它有别于单一的山或山脉，特指众多山所在的地域（见图3-1）。

（2）高原：海拔在500米以上，地形开阔，周边以明显的陡坡为界，相对比较完整的大片高地（见图3-2）。

图3-1　山地地形　　　　　　　　　　　　　　　　图3-2　高原地形

（3）丘陵：海拔高度不超过 500 米，相对高度一般在 100 米以下，相对高差不超过 200 米，地势起伏，坡度和缓的低矮山丘（见图 3-3）。

（4）盆地：一般分布在多山的地表上，但低于周围山地，呈中间相对凹下、四周高的盆状地表形态。

（5）草原。广义的草原包括在较干旱环境下形成的以草本植物为主的植被，主要包括两大类型，即热带草原（热带稀树草原）和温带草原。狭义的草原则只包括温带草原（见图 3-4），因为热带草原上有着相当多而广泛的树木。

图3-3　丘陵地形

图3-4　草原地形

（6）平原：地势低平坦荡、面积辽阔广大的陆地。根据平原的高度，把海拔 0~200 米的平原称为低平原。

2. 小地形

从相对规则的园林景观范畴来讲，由于不同标高的地坪、层次，地形会形成包含平地、土丘、台地、凹地、斜坡、台阶和坡道等所引起的水平变化的地形。

1）平坦地形

平坦地形是指坡度为 0%~3% 的平坡地和为 3%~10% 的缓坡地，地势平坦开阔，在视觉上总体看来与水平面相对平行的土地基面。平坦地形视线开阔，容易形成连续的视觉景观，具有一种强烈的视觉连续性和统一感。

2）凸地形

凸地形是一种具有动态感和进行感的地形，其表现形式有土丘、丘陵、山峦及小山峰。它本身具有一种成为焦点或支配物的因素，既是一种正向实体，同时也是一种负向的空间，即被填充的空间（见图 3-5）。

3）凹地形

凹地形在景观中被称为碗状洼地，也叫盆地。它并非是一片实地，而是实际有围合感的空间。地形的形成一般有两种方式：一是地面某一区域的泥土被挖掘而形成；二是两片凸地形并排在一起而形成。凹地形是一个具有内向性和不受外界干扰的空间，呈集聚性，通常给人一种侵害感、封闭感和私密感，在某种程度上也可起到不受外界侵犯的作用（见图 3-5）。

4）山脊

与凸地形相类似，等高线由海拔较高向海拔较低处凸，山脊总体上呈线状，可限定户外空间边缘，也能提供一个具有外倾于周围景观的制高点。沿脊线有许多视野效果佳的供给点，是理想的建筑选址地（见图 3-5）。

5）山谷

谷地综合了某些凹地形的特点，与凹地形相似。等高线由海拔较低向海拔较高处凸。谷地在景观中也是一个低地，具有实空间的功能，可进行多种活动。但它也与山脊相似，也呈线状，也具有方向性。谷地在平面图上的表现是等高线上的标高点，是向上指向的（见图 3-5）。

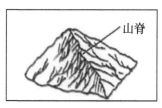

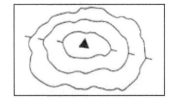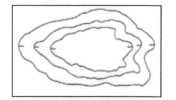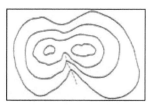

图3-5　凸地形、凹地形、山脊、山谷示意图

图3-6　微地形场景

3. 微地形

在绿地或沙丘上有微弱的起伏和波纹或在道路与场地上呈现不同质地变化的地形称为微地形（见图 3-6）。它用地规模相对较小，在一定范围内承载树木、花草、水体和园林构筑物等物体及地面起伏状态，是采用人工模拟大地形态及其起伏错落的韵律而设计出的面积较小的地形。微地形不仅指模仿大地肌理的一块块绿地，也指高低起伏但起伏幅度不太大的坡地。微地形包含凸面地形、凹面地形、坡地、土台、土丘、小型峡谷，还包含适宜人们活动利用的台地、嵌草台阶、下沉广场等。

二、道路与铺装

（一）道路与铺装的含义

道路泛指供各种无轨车辆和行人通行的基础设施。景观设计中的道路，特指景区中供人们游览和疏导的园路系统。它是构成园林景观的基本要素之一，具体包括路径、场地等硬质铺装。道路如景区中的脉络，既是贯穿全园的交通网络，同时也是分隔各个景区、联系不同景点的纽带。

铺装是景观的一个重要构成要素，它是在景观环境中运用自然或人工的铺地材料，按照一定的方式铺设于地面形成的地表形式。作为景观的一个有机组成部分，铺装主要对园路、空地、广场等进行不同形式的印象组合，贯穿游人游览过程的始终，在营造空间的整体形象上具有极为重要的影响。景观道路铺装，在景观环境中不仅具有分隔空间和组织路线的作用，而且为人们提供了优美的地面景观，给人以美的视觉享受，增强了景观艺术的效果。

（二）道路与铺装的类型

1. 景观园路分类

1）按园路的重要性和级别划分

（1）主园路：从园林景区入口通向全园各主景区、广场、公共建筑、观景点、后勤管理区，形成全园骨架和环路，组成导游的主干路线，宽度可达 7~8 米。

（2）次园路：主园路的辅助道路，呈支架状，连接各景区内景点和景观建筑，路宽可为主园路的一半，一般2.5~4米不等。自然曲度大于主园路，以优美舒展和富有弹性的曲线线条构成有层次的风景画面。

（3）小径：园路系统的最末梢，供游人休憩、散步、游览的通幽曲径。小径可通达园林绿地的各个角落，是通往广场、园景的捷径，允许有手推童车通行，宽度0.8~1.5米不等，并结合园林植物小品建设和起伏的地形，形成亲切自然、静谧幽深的自然游览步道。

2）按筑路形式划分

（1）平道：平坦园地中的道路，是大多数园路的修筑形式。

（2）坡道：纵坡度较大但不做阶梯状路面的园路。

（3）石梯磴道：在坡度较陡的山地上设的阶梯状园路。

（4）栈道：建在绝壁陡坡、宽水窄岸处的半架空道路。

（5）索道：以凌空铁索传送游人的架空道路线。

（6）缆车道：在坡度较大、坡面较长的山坡上铺设轨道，用钢缆牵引车厢运送游人。

（7）廊道：由长廊、长花架覆盖路面的园路。

2. 园路铺装的分类

1）按形态风格划分

（1）规则式铺装：一般按照一定的几何规律施工铺设，形成图案，有一定的序列感，视觉感受统一有序，方便交通流线疏导以及建立景观轴线（见图3-7）。

（2）自然式铺装：通常会根据路的功能采取宽窄、拼图的变化。为了延长路线，增加游览趣味，提高绿地的利用率，可采用自然式铺装，蜿蜒起伏，使景观空间变化更为丰富（见图3-8）。

图3-7 规则式铺装   图3-8 自然式铺装

2）按铺装材质划分

（1）硬质铺装：其材料一般选用质地刚硬的人工或天然施工素材，如石材、砖、砾石、鹅卵石、混凝土、木材等（见图3-9）。

（2）软质铺装：其材料一般选用质地柔软的人工或天然施工素材，如草坪、地被、软胶地面等。其可塑性非常强，具有亲和力和感染力（见图3-10）。

图3-9　硬质铺装

图3-10　软质铺装

3）按功能划分

（1）装饰性铺装：其形态、色彩都具有强烈的装饰效果，可以从质感、尺度、色彩等创造出不同的视觉趣味（见图3-11）。

（2）导向性铺装：给人方向感和方位感的引导，给雨水流动方向的引导（见图3-12）。

图3-11　装饰性铺装

图3-12　导向性铺装

三、水体

（一）景观水元素的含义

水是一种自然元素，形态万千，以软性物质的物理特性存在于自然界，具有较强的可塑性。由于其特有的自然属性，它与自然环境相融合，不仅会体现出灵动的氛围，还有助于增添其吸引力，使生活环境更具亲和力，空间更通透，可以满足人类亲水、赏水、戏水的基本生理需求和心理需求。这也是景观美化环境的重要作用之所在。

因此，在景观设计领域中，水元素是非常重要的设计符号，它既具有实用性、观赏性和互动参与性，又具有文化性、艺术性寓意。

（二）景观水元素的类型

1. 按水体的形态分类

（1）自然型水体：天然水体和模仿自然形状而制造的河、湖、涧、泉、瀑等，水形轮廓自由、随意，水体在园林中多随地形而变化。

（2）规则型水体：人工开凿成几何形状的水面，如水渠、方潭、园池、水井及几何形的喷泉、瀑布等，常与雕塑、花坛、喷泉等组景。规则型水景具有简练大气的效果，能把几何轮廓的力度美和水体的柔美有效地结合起来。

2. 按水流的状态分类

（1）静态水体：水面平静、无流动感或者是运动变换比较平缓的水体。静态水体适用于地形平坦、无明显高差变化的环境，具有柔美、静逸之感。

（2）动态水体：运动的水体，可细分为流动型、跌落型和喷涌型水体。动态水体有活泼、灵动之感，应用非常广泛。表现形式有流水、跌水、喷泉、瀑布等。

3. 按水体的功能分类

（1）观赏型水体：主要用于造景观赏，不可近距离互动的水体（见图3-13）。

（2）互动型水体：将人作为构成因子纳入水景的构景要素，实现人水互动，充分满足人亲水的身心需求，可以开展水上活动，与水产生互动交流的水体类型，例如泳池、垂钓、水上娱乐、亲水平台等（见图3-14）。

图3-13　观赏型水体

图3-14　互动型水体

（3）装饰型水景：主要承载美化环境、烘托活跃气氛的功能，能更好地体现水的美感和自然特性，起到点缀、衬托、渲染等装饰效果。装饰型水景往往是人们视觉的焦点，是构成一定空间环境的景观中心（见图3-15）。

4. 按水景设计的基本形式分类

（1）平静型：无大幅度波动的水面，能反映出倒影。例如：湖、池、水塘。

（2）流动型：地面有一定坡度，水体顺势而流。例如：溪流、水坡、水道、水涧。

（3）跌落型：水体从高水面向低水面有层次地落下，一般需要借助地形的地势和高低落差或者跌水构筑物来实现。例如：跌水、水幕帘、水墙等（见图3-16）。

图3-15　装饰型水景——水柱

图3-16　跌落型水景——跌水

　　（4）喷涌型：将水通过一定压力处理，由喷头喷洒出来，并具有特定形状的水体造型，主要是以喷泉的形式出现。喷泉具体分为水喷泉和旱喷泉。①水喷泉是指把喷泉隐藏在水下，将喷头置于水面（见图3-17）。它一般配合静水面使用，可以单独设置，也可以成组设置。②旱喷泉的水池和喷头均隐藏于地下，表面是平整的硬质铺装，在不喷的时候不影响景观效果和人流穿行（见图3-18）。

图3-17　水喷泉

图3-18　旱喷泉

四、景观建筑

（一）景观建筑的含义

　　景观建筑泛指所有建造在园林景区里承载一定功能，如活动、赏景、休憩，并与景观环境相协调的构筑物，它们通常会在园区里形成有节奏的景观轴线。

　　景观建筑本身就是被观赏的景观或景观的一部分。它的类型十分丰富，形式千姿百态，风格横跨东西方，是周边环境价值的集中体现。常见的中国古典园林建筑包括亭、台、楼、阁、轩、舫、厅等，西方园林建筑包括宫殿、雕塑、花坛、喷泉池、柱廊、拱桥等。此外，景观建筑及构筑物作为一种实用性与装饰性相结合的艺术品，不但要具有较高的审美功能，更重要的是，它应与周围环境相协调，与之成为一个系统整体（见图3-19）。

图3-19　景观建筑与周围环境效果图

（二）景观建筑的类型

1. 按景观建筑的使用性质分类

1）物质功能与精神功能并重的景观建筑

物质功能与精神功能并重的景观建筑就是本身具有较强的实用功能，同时造型设计立意等方面又极具特色，使之能够成为环境中极为抢眼的视觉主角，能够烘托气氛、感染环境的建筑，如一些设计新颖的展览馆、车站、办公建筑等。

2）精神功能超越物质功能的景观建筑

这类构筑物的特点是对环境贡献较大，具有非必要性的使用功能，多为休闲、娱乐之用，如亭、台、廊、榭等。

3）只具备精神功能的景观建筑

这类构筑物的主要作用只是装点环境、愉悦人们的精神，是最为纯粹的景观建筑，多为一些雕塑、小品及大地艺术作品等。

2. 按景观建筑的功能类型分类

（1）游憩、观光型：为游人提供休息、赏景等功能的构筑物，功能简单、造型优美，如中国的亭、廊、花架、榭、舫，西方的埃菲尔铁塔、凯旋门等。

（2）文化娱乐型：为游人提供开展各类文化娱乐活动的建筑，如游船码头、文化展厅、书画室等。

（3）服务型：为游人在园区提供生活服务的建筑，如茶馆、餐厅、商铺等。

（4）装饰型：以装饰园林环境为主，注重外观形象的艺术效果，兼有一定的使用功能的小型设施，如景墙、园椅等。

（5）管理型：服务于管理工作的设施和建筑物，如大门、办公楼、管理室等。

3. 按景观建筑的形式和地域风格分类

1）东方古典园林建筑

中国古典园林里通常都是一个主体建筑附以一个或几个副体建筑，中间用廊连接，形成一个建筑组合体。这种手法，既能够突出主体建筑，强化主体建筑的艺术感染力，还有助于达到造景的效果，兼有使用功能和欣赏价值。

常见的园林主体建筑有殿、楼、阁、塔、厅、堂、馆、轩、斋。

（1）殿，一般建在皇家园林里，气势巍峨，金碧辉煌，供帝王园居时使用。为了适应园苑的宁静、幽雅气氛，园苑里的"殿"的结构要比皇城宫廷里的略简洁，平面布置也比较灵活，但仍不失其豪华气势。

（2）楼，是在各地园林中普遍采用的一种高层的建筑物，一般体量较大，造型丰富，通常位于建筑群体的主轴线上，可登高望远，是园区内重要的主体建筑（见图 3-20）。楼给人的印象以高耸为主，有一种飞阁崛起、层楼俨以承天的气势。它多建在抱山衔水、景色清幽、视线开阔的地方。

（3）阁，与楼近似，但体量相对小巧。平面为方形或多边形，多为两层左右的建筑，四面开窗。阁一般用来藏书、观景或供奉佛像（见图3-21）。

（4）塔，是重要的佛教建筑，在园林中一般作为构图中心和借景的对象（见图3-22）。

图3-20　黄鹤楼　　　　　　　　　图3-21　行吟阁　　　　　　　　　图3-22　白塔

（5）厅，主要是能满足会客、宴请、观赏表演等功能的园林公共建筑。一般厅（见图3-23）的内部空间较大，造型丰富，前后开门窗，或四面开门窗，门窗装饰考究，视野开阔。从厅内观景，山映月照，历历在目。在私家园林中，厅多是园主进行各种享乐活动的主要场所。在结构上，厅一般用长方形木料建造。

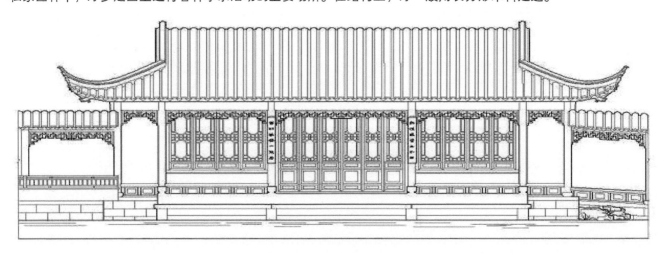

图3-23　园林厅堂立面图

（6）堂，是居住建筑中对正房的称呼，一般作为家庭举行庆典的场所。堂多位于建筑群的中轴线上，体型严整，装饰瑰丽。在私家园林中，堂多是园主进行各种享乐活动的主要场所。在结构上，堂一般用圆形木料建造。

（7）馆，原取秦汉"馆驿"和"宦宫客舍"之意为建筑命名。为便于赏景，馆一般都建在地势高耸的地方。

（8）轩，特征是前檐突起，出廊部分上有卷棚，即所谓"轩昂欲举"。现时也常有人把小的房舍称作轩，其意在于表示风雅。园林里的轩常是傍山临水而建，在平面布置上常常与院落景色连为一体。轩的布置灵活，常被作为景区或院落的主体建筑，成为这个景区或院落的构图中心。

（9）斋，本来是宗教用语，被移用到造园上来，主要是取它"静心养性"的意思，因而大都建在僻静的区域。在大型园林里，特别是皇家园林里的斋，如北京北海里的静心斋（见图3-24），不再是单指一座斋房，除了它本身，还有许多厅、馆、堂、轩等建筑。这种情况下的斋，已是院落的含义。

常见的园林附属建筑有亭、榭、轩、舫、台、廊等，它们一般以点或线的形式出现在园林构图中。

（1）亭，是古典园林造园普遍使用的一种建筑形式（见图3-25至图3-28）。它小巧灵活，形式多样，最具有民族风格和地方色彩，也是点缀风景、增强景观效果的最佳元素。园林中的亭子多数都建在游览线上，或者山的次峰、水际岸边、竹荫深处。

图3-24 北海公园静心斋

亭的平面，常见的有正方形、长方形、六角形和八角形，但也有长六角形与长八角形的，更有少数采用圆形、梅花形、海棠形、扇形等多种形状，如拙政园的笠亭为圆形，环秀山庄的海棠亭为海棠形，拙政园的与谁同坐轩为扇形等。

亭的立面有单檐与重檐两种，以单檐居多。其屋面形式一般为歇山顶与攒尖顶，而攒尖顶采用的宝顶形式更是多样，为亭的造型增添了更多的变化空间。

图3-25 方亭（攒尖顶）

图3-26 方亭（歇山顶）

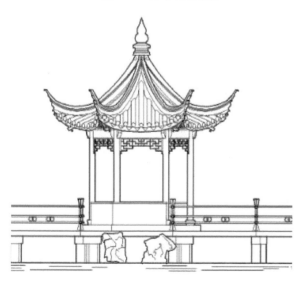
图3-27 狮子林的湖心亭（六角攒尖顶）

图3-28 拙政园的天泉亭（八角重檐攒尖顶）

（2）廊，是一种"虚"的建筑形式，是古典园林中最精美的建筑形式之一。廊的一侧通透，利用列柱、横楣构成一个取景框架，形成一个过渡空间，造型别致曲折，高低错落。

廊在空间上可分为单廊、复廊、双层复道廊等多种形式，在平面上分为直廊、曲廊、波形廊、复廊等，按所处位置分为沿墙走廊、空廊、回廊、楼廊、爬山廊、水廊等。廊主要起连接建筑物、分隔空间、营造景观、引导游人循廊览胜的作用。

曲廊，实际上是折廊，是将数段直廊按不同角度连在一起。曲廊多逶迤曲折，有一部分依墙而建，其他部分则转折向外（见图3-29）。

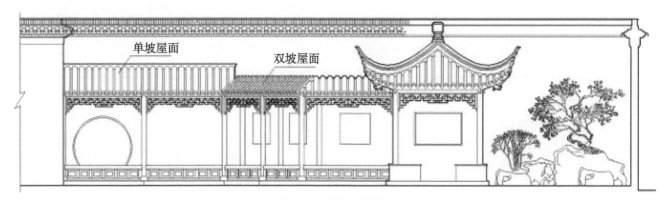

图3-29　曲廊立面图

波形廊，是带坡度的走廊，其平面形式分直廊形与曲廊形。波形廊不仅可以把园林内不同标高的建筑联系起来，而且走廊的造型也因此而高低起伏，丰富了园景（见图3-30）。

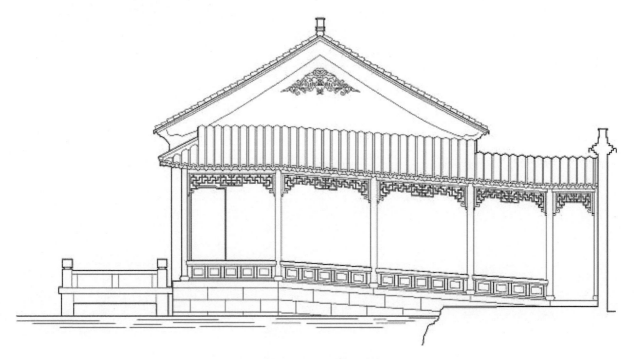

图3-30　波形廊立面图

复廊，将两廊并为一体，中间隔一道墙，墙上设漏窗，两面都可通行，屋面为双坡（见图3-31和图3-32）。

（3）桥，在园林中不仅供交通运输之用，还有装饰环境和借景障景的作用。

我国古典园林以山水造景，曲桥临水，拱桥飞天，几乎是每园必有，目的在于加强水的韵意，创造一种意境。

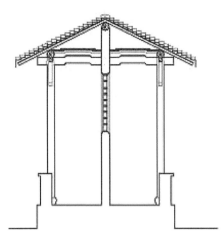

图3-31 怡园复廊剖面图

图3-32 怡园复廊立面图

桥的形态多样，按照形态结构可分为曲桥、廊桥、拱桥。

曲桥，实际上是将数段梁式桥连接在一起，因此在实施时，两个桥段之交界线，一定要是其夹角的角平分线，否则桥面板的宽度将不统一，且不交在同一点上（见图3-33）。

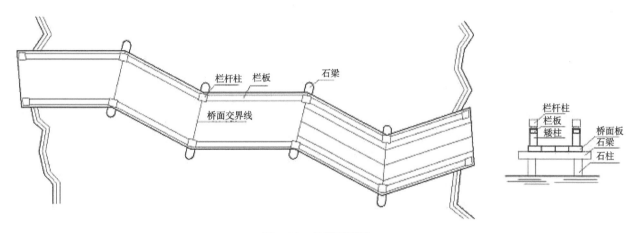

图3-33 曲桥平面图

廊桥，一般为三跨，中高两低，立面呈"八"字形。桥上建以廊屋，故称廊桥（见图3-34）。

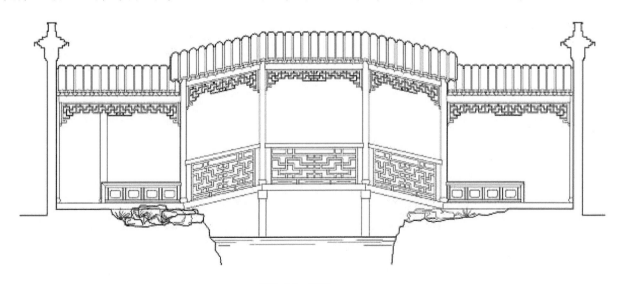

图3-34 廊桥

图3-35　网师园三步桥

拱桥，大多为一孔，最小的拱桥在网师园，三步便能跨过，俗称"三步桥"（见图3-35）。拱桥的建造要点是拱圈的制作与安装。

（4）舫，又名画舫，在园林中是一种仿船形的水上建筑，船体花厅，工巧雅致（见图3-36）。舫与船的构造相似，分头、中、尾三部分。舫一般不能移动，三面临水，有的临岸贴水，像待人登临；有的伸入水中，似起锚待航，只供人游赏、饮宴及观景、点景。

（5）榭，又名水榭或水亭（见图3-37）。它是建在小水面岸边紧贴水面的小型园林建筑，临水立面开敞，或凌空作架，或旁池筑台，平面为长方形，一间、三间较宜。

图3-36　舫

图3-37　榭

（6）台，是我国最早出现的建筑形式之一，用土垒筑，高耸广大，有些台上建造楼阁厅堂，布置山水景物。现代园林里的台，主要是供游人登临观景，除了通常的楼台，有的建在山岭，有的建在岸边，不同的地点有不同的景观效果。

2）西方古典园林建筑

与中国古典园林追求山水自然的景观意境不同，西方园林景观更侧重于用建筑的设计原则去塑造景观空间，在布局上追求严谨的数学逻辑关系和几何结构。体积庞大的主建筑群是西方园林的统帅，一般耸立在十分突出的中轴线上，强调西方古典造型艺术的"体积美"。建筑物的尺度、体量、形象并不去适应人们实际活动的需要，而着重在于强调建筑实体的气氛。除主建筑以外，常见的西式园林建筑及构筑物包括殿堂、台阶、雕塑、柱廊、棚架、石亭、景墙、水池、喷泉等（见图3-38至图3-41）。

图3-38　西式园林建筑——殿堂、雕塑

图3-39　西式园林建筑——柱廊

图3-40　西式园林建筑——石亭

图3-41　西式园林小品——水池、喷泉

五、绿化种植

（一）绿化种植的含义

植物，作为环境构成中具有生命力特征的素材之一，它既是景观主体的烘托者，也是表现者。植物无论是单独布置，还是与其他景物配合，都能很好地形成景色。

通常在园林景观设计中，人们运用乔木、灌木、藤本以及一些草本植物等素材，通过艺术手法，综合考虑季相、习性等各种生态因子的作用，充分发挥植物本身的形体、线条、色彩等方面的美感，来创造出与周围环境相适应、相协调，并表达了一定意境或具有一定功能的艺术空间。

此外，植物除了自身的自然属性以外，还有一定的精神寓意。尤其在中国古典园林的造园理念中，用植物传达人文意境是其精髓之所在。

（二）绿化种植的类型

1. 乔木

乔木是指有明显单根主干，分枝点在2米以上，树高3米以上的植物（按自然生长算）。乔木是植物景观营造的骨干材料，形体高大，枝叶繁茂，绿量大，生长年限长，景观效果突出，在植物造景中占有举足轻重的地位。

园林景观中的树木以观赏树木为主。以观赏特性为依据，可把乔木分为常绿类、落叶类、观花类、观果类、观叶类、观枝干类、观树形类等。常见乔木包括梧桐、樟树、松柏、柚木、银杏（见图3-42）、水杉等。

2. 灌木

灌木是指具有美丽芳香的花朵、色彩丰富的叶片或诱人可爱的果实等观赏性状的灌木和观花小乔木（见图3-43）。这类树木种类繁多，形态各异，在园林景观营造中占有重要地位。根据其在园林中的造景功能，灌木可分为观花类、观果类、观叶类、观枝干类。

灌木在园林植物群落中属于中间层，起着乔木与地面、建筑物与地面之间的连贯和过渡作用。其平均高度基本与人平视高度一致，极易形成视觉焦点。常见灌木包括大叶黄杨、小叶黄杨、八角金盘、海桐、冬青、金叶女贞等。

图3-42　乔木——银杏

3. 花卉

广义的花卉是指具有观赏价值的植物的总称，其包含草本和木本；狭义的花卉主要是指具有观赏价值的草本植物，或称之为草花（见图3-44）。我们一般口头上的花卉是指草花。花卉是园林绿化的重要植物材料，花卉的种类多，繁殖系数高，花色艳丽丰富，装饰效果强，所以常用来布置花坛、花境、花台、花丛等供人们观赏。

图3-43 灌木　　　　　　　　　　　　　　　　　　　　　　图3-44 花卉

4. 地被植物

地被植物是指株丛紧密、低矮，用以覆盖园林地面防止杂草丛生的植物。地被植物分为常绿类地被植物、观叶类地被植物、观花类地被植物、防护类地被植物，还可分为草坪、草本地被植物、木本地被植物。

草坪是指草本植物经人工建植后形成的具有美化和观赏效果，或能供人休养、游乐和进行适度体育运动的坪状草地。草坪分为游憩性草坪、观赏性草坪、运动场草坪（见图3-45）、环境保护草坪等。

草本地被植物是指草本植物中株形低矮、株丛密集自然、适应性强、管理粗放，可以观花观叶或具有覆盖地面、固土护坡功能的种类。草本地被植物分为宿根、球根、自播繁衍的一年生植物和两年生植物），如金叶过路黄、吉祥草等（见图3-46）。

木本地被植物是指一些生长低矮、对地面能起到较好覆盖作用并且有一定观赏价值的灌木、竹类及藤本植物（见图3-47）。

图3-45 草坪——运动场草坪　　　　图3-46 草本地被植物　　　　图3-47 木本地被植物

5. 藤本植物

藤本植物是指自身不能直立生长，需要依附他物或匍匐在地面生长的木本或草本植物。根据其习性，藤本植物可分为缠绕类、卷攀类、吸附类、蔓生类。

（1）缠绕类：缠绕在其他支持物上生长，如牵牛花（见图3-48）、使君子、西番莲。

（2）卷攀类：依靠卷须攀援到其他物体上，如葡萄、炮仗花（见图3-49）和苦瓜、丝瓜等瓜类植物。

（3）吸附类：依靠气生根或吸盘的吸附作用而攀援的种类，如常春藤、凌霄、合果芋、龟背竹、爬墙虎（见图3-50）、绿萝等。

（4）蔓生类：这类藤本植物没有特殊的攀援器官，攀援能力较弱，主要是因为其枝蔓木质化较弱，不够硬挺、下垂，如野蔷薇、天门冬、三角梅、软枝黄蝉、紫藤（见图3-51）等。

图3-48　缠绕类藤本植物——牵牛花

图3-49　卷攀类藤本植物——炮仗花

图3-50　吸附类藤本植物——爬墙虎

图3-51　蔓生类藤本植物——紫藤

6. 水生植物

水生植物是指生长在水中、沼泽岸边潮湿地带的植物。水生植物按生态习性、适生环境和生长方式，分为挺水植物、浮水植物、沉水植物及岸边耐湿植物。

（1）挺水植物：茎叶挺出水面的水生植物，例如荷花、风车草（见图3-52）、荸荠等。

（2）浮水植物：叶浮于水面的水生植物，例如睡莲（见图3-53）、水浮莲、红菱等。

（3）沉水植物：整个植株全部没入水中，或仅有少许叶尖或花露出水面，例如金鱼藻、海菜花（见图3-54）、

图3-52　挺水植物——风车草

图3-53　浮水植物——睡莲

图3-54　沉水植物——海菜花

水车前等。

(4) 岸边耐湿植物：生长于岸边潮湿环境中的植物，有的甚至根系长期浸泡在水中也会生长，如落羽松、水松、红树、萱草、柳树等。

六、景观小品及设施

(一) 景观小品及设施的含义

景观小品与设施是公共景观环境中的小型建筑物、构筑物及功能设施，一般体量小巧，没有内部空间，色彩单纯，造型别致，也可称为户外公共艺术品。它一方面承载了一些实际使用功能，诸如装饰、休息、展示等；一方面对景观空间起到了点缀作用，从而达到美化环境、丰富园趣的效果。它不仅为游客提供了文化休闲和公共活动的方便，又能使游人从中获得美的感受和良好的教益。

景观小品及设施在景观环境中表现类型十分丰富，大体可分为装饰型景观小品、展示型景观设施、服务类景观设施、设备类景观设施，具体包括雕塑、座椅、指示牌、灯具、垃圾箱、装饰灯等。

(二) 景观小品及设施的类型

1. 装饰型景观小品

1) 雕塑小品

雕塑在古今中外的造园中被大量应用，从类型上可大致分为预示性雕塑、故事性雕塑、寓言雕塑、历史性雕塑、动物雕塑、人物雕塑和抽象派雕塑等。雕塑在景区中往往用寓意的方式赋予园林鲜明而生动的主题，提升空间的艺术品位及文化内涵，使环境充满活力与情趣。

2) 水景小品

水景小品主要是以设计水的五种形态（静、流、涌、喷、落）为内容的小品设施。水景常常为城市绿地某一景区的主景，是游人视觉的焦点。在规则式园林绿地中，水景小品常设置在建筑物的前方或景区的中心，为主要轴线上的一种重要景观节点。在自然式绿地中，水景小品的设计常取自然形态，与周围景色相融合，体现出自然形态的景观效果（见图3-55）。

3) 围合与护栏小品

围合与护栏小品包括园林中隔景、框景、组景等小品设施，如花架、景墙、漏窗、花坛绿地的边缘装饰、保护园林设施的栏杆等。这种小品多数为建筑物，对园林的空间形成分隔、解构，丰富园林景观的空间构图，增加景深，对视觉进行引导。

2. 展示型景观小品

展示型景观设施包括各种导游图板、路标指示牌，以及动物园、植物园和文物古建、古树的说明牌、阅报栏、图片画廊等。它对游人有宣传、引导、教育等作用。设计良好的展示型景观小品能给游人以清晰明了的信息与指导（见图3-56）。

3. 服务类景观设施

1) 卫生设施

卫生设施通常包括户外厕所、果皮箱等，它是环境整洁度的保障，是营造良好的园区环境和景观效果的基础。卫生设施创造了舒适的游览氛围，同时体现了以人为本的设计理念。卫生设施的设置不但要体现功能性，而且要考虑其服务范围，最大限度地方便人们的使用，同时其形式与材质等要做到与周边环境相协调。

图3-55　装饰型景观小品——水景墙

图3-56　展示型景观小品——指示牌

2）休憩设施

休憩设施包括亭、廊、餐饮设施、洗手池、饮水器、座凳等。休憩设施为游人提供了休息与娱乐的功能，有效提高了园林场所的使用率，也有助于提高游人的兴致。休憩设施设计的风格与园林环境应该构成统一的整体，并且满足不同服务对象的不同使用需求。

座椅设计常结合环境，或用自然块石堆叠形成凳、桌；或利用花坛、花台边缘的矮墙边缘的空间来设置椅、凳等；或围绕大树基部设椅凳，既可休息，又能纳凉。其位置、大小、色彩、质地应与整体环境协调统一，形成独具特色的景观环境要素（见图3-57）。

4. 设施类景观小品

1）音频设施

音频设施通常运用于公园或风景区当中，起讲解、通知、播放音乐以营造特殊的景观氛围等作用。它通常造型精巧而隐蔽，多用仿石块或植物的造型安设于路边或植物群落当中，以求跟周围的景观充分融合，让人闻其声而不见其踪，产生梦幻般的游园享受。

2）照明设施

除了满足基本的夜间照明功能外，各式各样造型的园灯、彩灯、结合灯光照明的水景、雕塑等，都可以通过色彩、质感和形态等方面的变化来展示光影的艺术性，从而增添游园的趣味性。（见图3-58）

图3-57　服务类景观设施——休息座椅

图3-58　设施类景观小品——照明设施

第二节

景观规划设计非物质要素

场所精神象征着一种人与特定地方生动的生态关系。人从场所获取，并给场所添加了多方面的人文特征。无论宏伟或者贫瘠的景观，若没有被赋予人类的爱、劳动和艺术，则不能全部展现潜在的丰富内涵。

——勒内·迪博斯

一、场所精神的含义

景观设计的非物质要素总体可以用"场所精神"来概括。场所精神（genius loci）是一个既抽象又具象的理论概念，成语"人杰地灵"中的"地灵"就是一种相对直观的表达和释义：每个地方，每个场所，都有它特定的"气氛"。这种气氛特指某场所空间的气质与品位，是属于精神、思想、观念、情感范畴的文化因素，而实质上是反映一定地域特征、审美情趣、思维方式，能给人的心灵、视觉带来一定冲击力的空间感受，取决于场所的自然条件、历史文脉、人文精神、区域特性等因素。景观设计的场所精神是一种潜在的、无形的场力，是生态艺术的体现，是在满足于形式及功能的前提下一种思想的升华，是城市开放空间环境艺术的最高境界。

场所精神也不仅仅是一种抽象的概念，它可以在景观设计中用非常具象的方法表达出来。比如地面铺装的材料、景墙的质感和颜色，景观建筑的天际轮廓线，一座山的形，水的声音，一阵风的味道，甚至一道阳光的强弱，都是构成场所精神的整体性特质的综合元素。

场所精神既是一种结果，又是一种推动力。精神作为人的意志表达，可以诉诸环境；环境也可以影响和塑造人的精神。场所精神和场所空间物质形态存在着双向的流动过程。场所精神推动实践，通过人的设计、物化，将精神呈现出来，在通用的或者是一部分人识别的符号化的物质形式中将精神传达出来。另一种是反向的运动过程，在主体的感知中物质空间呈现另外一种精神特质，它随着时间的流逝、社会的变迁、环境的冲突等自行运作，在偏离最初的精神方向的设立之后，获得了一种新的特质，产生一种不同于原来的精神并重新灌注到物质环境里去。

场所精神的形成就是利用建筑或者景观要素赋予场所的特质，并使这些特质与人产生亲密的关系，充分体现人与建筑、景观和自然之间的对话的愿望，并随着社会的发展和人对环境的认识而不断发展形成的一种场所特质。

二、场所精神与城市景观设计

（一）大自然的启迪

城市景观的功能往往是休闲、娱乐，对自然性的追求往往是景观中最重要的部分，因此城市景观场所精神的来源往往就是大自然。不论是中国传统园林还是西方传统园林，其精神往往来自于大自然。

中国传统园林大多受"天人合一"的哲学观念的影响，使得中国人对大自然有着一种崇拜。综观中国传统园林史，不论是皇家园林还是私家庭园，其形式往往是对自然山水的模拟，都体现着对自然的渗透。不只是堆山引水、植花栽树，甚至在知觉方面，听的也是"山水清音"，闻的是"幽兰丹桂"，人造场所和自然场所水乳交融般的互相渗透，互相穿插。可以说，对自然的真实体验是中国园林精神的重要来源之一。

受东方园林的影响，西方传统园林在其形式意义上也追求一种自然来源性。在17世纪，自然风景园的兴起体现了西方人对精神的探索，他们抛弃了轴线、对称、尺度等理性的设计手法，而从真正体验自然入手，出现了起伏开阔的草地、自然曲折的湖岸、成片成丛自然生长的树林。

现代景观设计中，景观设计师们也常常去感悟和体验自然，从心灵深处去感受和体验场所精神。2010年上海世博会世博公园的设计中采用的"滩"的设计概念，就是模拟了江水泥沙淤积形成三角形陆地的自然形态（见图3-59）。这种纯自然的力量，其组成的形态看似自由无序但其又被无形的体系完美地统一在一个系统中。整体规划布局将水体、道路、场所、设施、绿化等元素用"滩"的概念联系在一起，其所有的元素有机地组合交叉，形成互相交融的有机的系统。以地形的山脊形成的步道为主要交通主框架，贯穿岸、水、林、岛，在其沿线组织出不同的生态景观，在岸与水的相互交叉、林与岛的融合中，随水流的趋势设置节点空间，让活动休憩的场所与自然生态环境完美融合。

图3-59　上海世博会世博公园模型

（二）传统精神的延续

1. 历史传统要素的保留

场所的可见物质形式中都"印刻"着丰富的场所精神。保持场所传统精神的最简单可行的方法就是对其要素有选择性地保留，尤其是在历史的进程中被赋予了意义和浓缩了人类情感的片段和符号。

这种方法是对原有空间布局和形式做最少修改，保持景观的原始风貌，对损坏的部分进行重造或模仿历史形式，保持原有的风格和细部处理，它主要是针对有历史意义的景观。但这里的恢复，不能流于园林空间表面意义上的修葺，而应该重现原有的本质和场所精神，体现园林的原始风格。剔除一切外在的、附加的东西，挖掘其永恒的价值和历史内涵，使人们能感受场所的神圣氛围，感受历史时代的痕迹。人们在此可以感受到时空交错连续的精神，以一种严肃的态度更好地尊重传统。

上海世博会世博公园建设区域原址是上海钢铁三厂，世博会将园区内部老厂房大都进行了拆除，但为了延续场所的要素，在世博公园滨江区域保留了两台塔吊，以表对场地的尊重、对历史的传承，虽然这里目前已经是绿意盎然的滨江公园了，但人们在这里还是可以感受到场地原先的特质及场所精神（见图3-60）。

图3-60　上海世博会世博公园塔吊广场

2. 传统形式的继承和借鉴

继承和借鉴场所里传统的形式，表现场所曾有的文化和历史。当一种文化传统通过某种形式显现出来的时候，它具有一定的稳定性，对这种片段的模仿或再现，有可能传达出其所包含的特定含义。

对传统形式的继承和借鉴可以是对某种整体传统风格的模仿和结合，使人们联想起某个时期的文化和风格；在景观规划设计中，就是对现有的人文景观的严格保护和适当整理，控制景观要素的体量、色彩和风格，反映场所的历史文化风貌。例如，国内的园林建设继承了中国传统园林的整体风格，小桥流水、假山叠石；但是，中国古典园林博大精深，继承不应该只是纯粹形式上的模仿，而应该对其特定的历史时期和文化有一定的了解，理解形式背后的传统精神，在形式上也可以运用现代的技术和材料，不要一味地追求形似，更重要的是神似。

除了整体风格的继承，还可以通过词汇性的手段，将传统形式作为一种符号或是母题结合到设计中，或是将之抽象变形，也可以取得相似的效果。查尔斯·摩尔设计的新奥尔良市意大利广场，是为侨居美国的意大利人提供聚会、交往、娱乐的场所，中心水池将意大利地图搬了进来，广场周围建了一组弧形墙面，罗马风格的科林斯柱式、爱奥尼柱式使用了不锈钢的柱头。整个广场大量采用了罗马时期的形式符号，所有这些无一不表现出一个共同的主题——意大利民族的历史和文化（见图3-61和图3-62）。

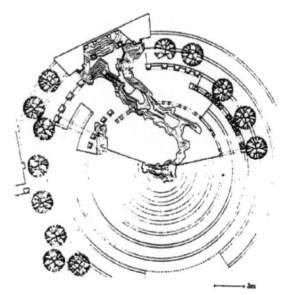

图3-61　美国新奥尔良市意大利广场实景　　　　　　图3-62　美国新奥尔良市意大利广场平面图

3. 艺术性的体现

场所是一种本真的环境，它在具化人们生活方式的同时还揭示出人们存在于世的真理。正因为基于这种本真的意义，诺伯格·舒尔茨才做出如下概括和精辟的定义：场所是具化人们生活状况的艺术品。

1）中国传统艺术的影响

景观设计本来就是一门艺术，它与其他艺术形式之间一直有着一种联系。中国古典园林深刻地反映了一种"诗意栖居"的艺术性，它是文学、美学、哲学、宗教和建筑艺术的结合。而最能体现艺术性的就是园林意境的创造，因为它有别于西方园林对形式逻辑和几何形体的追求，重视的是内心世界与客观场所的关系，也是场所精神的一种表现。中国园林意境的创造主要源于中国古代文学、艺术、哲学和宗教。

文学对园林的影响主要在美学方面。文学，特别是诗，由于它借物抒情，以情观物，把中国人的自然审美从目视耳闻引导到以情感接物，以心灵接物，在形象美之外去体现精神。我们从中得到的不仅是耳目愉悦，更重要的是人格的提高和心理的平衡，在景观中称之为"会心"，它追求经过联想和想象悟出的某些道理和精神。正是借助了这种审美追求，才使得我们在景观场所中的体验富有意义。中国传统园林的特点在于它所具有这种意境美，文学中的意境其实多半也就是园林想要表达的意境。而且，在中国园林中也常常用诗词来题名以点明园林的意境，例如由"牧童遥指杏花村"而来的圆明园中的"杏花春馆"，由"留得残荷听雨声"而来的拙政园中的留听阁等。

2）近现代西方艺术的启示

近现代西方艺术对现代园林设计产生了很大的影响，从新艺术运动到立体主义、超现实主义，再到极少主义、波普艺术，设计师从艺术中得到了丰富的形式源泉来表达他们的设计理念。

巴西景观设计师布雷·马克斯设计的柯帕卡帕拿海滨大道中，使用了当地传统的棕、黑、白三色马赛克在人行道上铺出抽象的块面、线条和图案。这些图案是对巴西地形的抽象和隐喻，每块图案也不尽相同（见图3-63）。海边的步行道用黑白两色铺成水波纹状，犹如海浪的抽象表达。马克斯在作品中对场所精神做出的回应，其隐喻主义的做法虽然属于传统经验的范畴，但对立体主义和超现实主义的形式词汇的吸取和转化，形成了新的构成方式和表现手法。

图3-63 巴西柯帕卡帕拿海滨大道

20世纪60年代后期，西方的一些现代艺术家开始将目光转向远离城市、人烟稀少的自然场所，在这些特殊的基地上创造出别开生面的作品，这些作品被称为大地艺术。大地艺术的作品超越了传统的雕塑艺术范畴，与基地产生了密不可分的联系，从而走向场所。其本质特征是将自然作为作品的要素，形成与自然共生的结构，通过给特定的场所加入艺术的手段而创造出精神化的场所。例如瑞士设计师克拉默在瑞士苏黎世的园林展上设计了一个名为"诗人的花园"的展园，他用三维抽象几何形体构成了一种与众不同的场所体验。华盛顿的越战阵亡将士纪念碑是以大地艺术体现场所精神的一个杰出作品（见图3-64和图3-65）。场地按等腰三角形切去了一块，形成一块微微下陷的三角地，象征着战争所受的创伤；"V"字形的长长的挡土墙由磨光的黑色花岗岩石板构成，刻着57692位阵亡将士的名字；镜子般的效果反射了周围的树木、草地、山脉和参观者的脸，让人感到一种刻骨铭心的义务和责任。在这里，人们可以体验出一种强烈的场所精神。

图3-64 美国华盛顿越战阵亡将士纪念碑远景

图3-65 美国华盛顿越战阵亡将士纪念碑近景

4. 意境的追寻

景观意境的内涵，随着艺术创作实践的多样化发展而不断得到丰富和拓展，从最初作为对古代诗词和山水画的要求，发展成为衡量创作的艺术层次和因素交融通会所能达到的综合审美效果的尺度。执着于艺术追求的景观设计，尤其是一些富有纪念性的景观设计，同时也可以像诗歌、绘画一样创造出动人的意境来，并通过意境的创造来体现场所精神。

与传统园林相比，现代城市景观在服务对象、功能、形式上都有所改变，现代城市景观追求的是开放的、多元化的、有创造性的并能为大众服务的一种新的空间格局。它表现的是自由、明朗、富有激情的特性。因此，现代城市景观应该能陶冶人的心灵，激发人们的道德情操，铸就现代的素养，同时通过体验者的自我感受去体验人、社会、自然之间的情感，理解场所的精神。

第三节
景观规划设计中人的要素

一、人在景观环境中的心理需求

（一）景观环境心理需求的含义

环境的刺激会引起人的一系列心理效应。景观规划与设计中关注人们的心理需求是为了更好地处理人与环境之间的关系，这对景观空间营造、景观形象塑造都能提供很好的参考价值。

从心理学角度讲，景观设计就是满足人的某些心理需求的行为活动的总和。这里的心理需求是指广义的发自人的内心的在园林景观中的各种合理的或者积极的需求。一个优秀的景观作品是建立在满足人们的心理需求这一基础之上的。心理因素从某种意义上会直接影响并决定一个景观作品的品质。

（二）景观受众的心理需求

1. 安全感的心理需求

安全感和稳定性是个人对空间领域感的需要。心理学家认为，很多人需要一定的空间是为了让自己更加有安全感和稳定性，并且可以体现拥有者的身份。景园中常见的影响安全感的因素包括：外界对感官的刺激，如噪声、异味等；超过身体极限的空间尺度，如狭窄空间中拥挤的人群、尺度超标的设施高度等。在景观设计中，应该尊重人的个人空间，让人得到安全感。

2. 私密性的心理需求

当人们身处一个景观环境空间的时候，能够放松地感受美景带来的愉悦体验的前提是保证自己的"个人空间"不被侵犯，安全不受到威胁。

私密性可以理解为个人对空间可选择性的控制，人对私密空间的选择主要体现在三个方面：个人独处性、个人选择环境的主观意愿和个人隐蔽的倾向。一般采用围合方式来实现这一目的。

3. 亲近自然的心理需求

人有靠近自然的天性，尤其是自然水系和土地。景观中的水景不仅能为人们提供多种娱乐和游憩活动，还能使园林产生很多生动活泼的景观，可以被设计成不同的形态，如河、湖、溪、瀑布、喷泉等，这些丰富的水景营造可以给人们带来美好的亲水体验。

土地能够给人一种踏实感，人离开土地太久就会产生不安的情绪。与土地的直接接触可以给人带来良好的互动体验感，同时景园里变化的地形也是创造园林景观的重要手段。而大地艺术这种景观形式正是将这种手段运用到极致的一种表现，例如巴塞罗那北站公园中"落下的天空"这组作品（见图3-66），便是通过起伏的地形变化产生的艺术效果来形成震撼的景观效果的。

4. 好奇的心理需求

好奇心是人类重要的认知动因，也是人生快乐的源泉之一。好奇心作为人脑对陌生事物的认知意向，是产生认知活动的内在驱动力。

景观设计中的借景和藏景便是巧妙地运用了这种心理需求，勾起游人的猎奇心理，使他们一步步走进设计师设计的美妙境地。一处好的景观就像设计师在大地上导演的一场话剧，有开场、悬念、高潮、尾声。

5. 互动交流的心理需求

"社会互动"是人社会化存在的重要方式。人，作为一种社会属性的存在，即便是在景观园区进行游览体验时也是需要互动的。在景观设计中，应当充分考虑到人们希望进行各种形式交流互动的心理需求，为其创造一定的空间环境条件。

图3-66　巴塞罗那北站公园"落下的天空"

直接互动的方式包括游戏、交谈、运动等，适合设计尺度适宜且具有一定围合感的空间，如向心式布置的座椅、相对安静的静谧空间等，为友人交流提供潜在的可能；间接互动的方式如通过雕塑、小品、匾额、楹联等感受设计者想要表达的内涵。此外，赏景、观察他人也是间接互动的一种方式，"看"与"被看"的经历也成为一种奇妙的景观体验。

二、人在景观环境中的生理需求

（一）景观环境生理需求的含义

由于人是景观空间的直接体验者，因此，人最直观的身体感受是对景园空间品质最直接的反馈。这其中包括人体五大感官的反馈、人体活动的尺度感受及人在景观空间中的行为习惯。景观设计要想达到舒适宜人的效果，就必须充分考虑这些生理因素在景观园区里的组织是否合理。

（二）景观受众的生理需求

1. 感官反应

对于景观的感受，其信息来源一般来自人体的五官，即眼睛、耳朵、鼻子、舌头、手。这五官对应的感官是视觉、听觉、嗅觉、味觉和触觉。这些感官在景观体验的过程中扮演着不同的角色且有着不同效能尺度范围。

（1）视觉感官占了景园体验的80%~90%，是空间体验感的核心组成部分，基本上是以向前及水平方向为主的。人们可以通过视觉对景观有一个充分、深刻的了解和认识，如景观的形态、色彩及布局等。

（2）人们在感受环境时，10%来自听觉。听觉效应在7米以内感受是灵敏的，35米以内适合建立问答式的谈话关系，例如演讲。景区里的声音来源主要分为三类：自然声源，例如鸟鸣声、寺庙里的钟声；负面声源，例如噪声，这部分是需要在设计中去处理屏蔽的；声音装置，此类声源属于特殊景观元素，有助于提高景观设计的趣味性。

（3）嗅觉在景观设计中的应用主要体现在植物的芳香和香化工程等方面，众多的芳香植物资源为嗅觉在景观设计中的应用奠定了坚实的基础。

（4）对于人们来说，触觉是景观体验中最早出现的感觉和感受，而且触觉所带来的感觉也是最特别的，是其他感官感受所不能替代的。触觉的感官体验主要体现在对各类景观元素肌理的感受上，例如脚踩在鹅卵石小路上的感受等。

（5）味觉在景观设计中的应用相对较少，因为它是在间接情况下产生的。环境中所具有的气味能够影响人们对味觉的感受，就好比在色彩、接触温度的基础上进行的视觉和触觉的感受。如果在景观设计中融入味觉的设计，如城市中各种水果和蔬菜的采摘园等，不仅能够加强景观的特点，还能加强人们对景观的整体感受。

2. 人体尺度

这里的人体尺度主要是指人在景观空间中活动时，人与人之间、人与景观空间之间、人与景观设施之间的宜人的、科学合理的尺度关系。

1）人与人之间的尺度关系

根据人际关系的亲密程度和行为特征组织不同程度的尺度关系，包括亲密距离、个人私密距离、社交距离、公共交流距离。

（1）1~3 米，是人与人亲密交谈的尺度范围，这个尺度下，交流者能体验到有意义的人际交往。

（2）25~30 米，可看清人面部表情的距离，此距离使人与人的交流成为可能。

（3）70~100 米，可较有把握地确认一个物体的结构和形象，人在此空间范围内适宜社会性的交往，也是满足正常的人与人交流的尺度极限。

（4）500~1000 米的距离之内，人们根据光照、色彩、运动、背景等因素，可以看见和分辨出物体的大概轮廓。

2）人与景观空间之间的尺度关系

（1）1~3 米，以这种尺度划分的小空间中，人对领域的控制感强，并满足了私密的心理要求。

（2）20~30 米，能产生景观空间感的尺度，在此尺度范围内可看清景观空间的细部，这个距离使人与空间的交流成为可能。

（3）100 米左右，能产生景观场所感的尺度，景观可以此作为组织空间节点的最佳尺度。

（4）250~270 米，可看清物体的轮廓。

（5）400 米左右，能产生景观领域感的尺度。

3）人与景观设施之间的尺度关系

这一类尺度关系主要是控制人与景园内各类设施之间互动时产生的尺度关系，例如人与座椅的尺度关系、人与道路设施的尺度关系等，这一部分的设计更多地会参考和运用到人体工程学的知识，然后去分析和判断与人各类行为活动相匹配的空间尺度和设施配套尺度（见图3-67）。

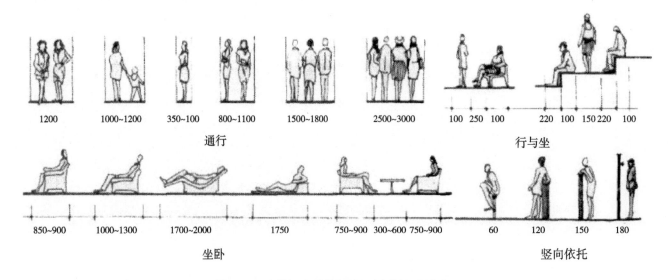

图3-67 人的行为活动空间尺度（单位：厘米）

3. 行为习惯

人在游览景园区时会有各类多样的活动方式和行为习惯，这些因素也是景观设计时需要重点考虑的部分，因为它直接影响到游人受众对景园区的体验感。

（1）领域性习惯：个人或群体为了满足安全感的需要而占有或控制的特定空间范围及其中物体的习惯，以满足其安全感的需求。

（2）依靠性习惯：个人或群体习惯寻找可以形成依靠感的空间和元素，例如大型树木、小型构筑物、景墙等，以求心理上的温暖和踏实感。

（3）边缘性习惯：个人或群体习惯选择场地边缘的座椅或者树林进行互动，寻求边缘空间界限给人带来的围合感。

（4）集聚性习惯：人们会习惯被有聚集效应的景点、事件、活动、人群等吸引而驻足停留，例如舞台、核心景观、演出活动等，体现了一种从众心理。

（5）坡地效应：景区里的缓坡、台阶一般最具人气，人们习惯选在坡地上休憩、观赏，不仅拥有良好的风景朝向，而且还可避免单向性对视的尴尬。

（6）就近性习惯：人们一般会选择最方便、离自己最近的相关设施来使用，例如抄近路去到目的地、选择离自己最近的垃圾箱扔垃圾等。

（7）识途性习惯：人们一般会选择自己熟悉或者可以掌控的游览路线进行活动。

（8）便捷性习惯：人们在游览园区的过程中，一般会选择最方便快捷的方式去满足自己的行为需求。

第四章

景观规划设计的原则与方法

JINGGUAN GUIHUA SHEJI DE YUANZE YU FANGFA

第一节
景观规划设计的原则

一、科学性原则

(一) 科学性依据与分析

景观设计的科学性原则主要体现在对景观基地客观因子的科学性分析上。景观基地分析的科学依据主要来自于设计基地的各类客观自然条件和社会条件，包括该基地的地理条件、水文情况、地方性气候、地质条件、矿物资源、地貌形态、地下水位、生物多样性、土壤状况、花草树木的种植需求和生长规律、区域经济状况、道路交通设施条件等。

对基地条件的分析需要运用到相应的科学技术手段。例如：运用地理信息系统（GIS）技术对基地因子进行数据建模和分析，从而得出土地适宜性的结论；通过对景观类型环境因子的分析，推导出适宜的景观廊道空间；通过对地势地形的三维空间分析及坡度坡向分析，为后期设计布局提供参考等。

此外，多学科的多元性交流，也是景观设计科学性原则的一个重要体现。在景观设计中需要运用到很多交叉学科的知识，包括生态学、建筑学、植物学、人体工程学、环境心理学、市政工程学等。例如：在景观设施的布局与设计上，需要利用人体工程学的知识，充分考虑人在户外活动中的各类适宜尺度；在各类景观空间的营造上，需要运用到环境心理学的知识，根据不同空间给人带来的不同心理感受，去营造与之相匹配、相协调的景观环境和节点。

(二) 设计技术规范

景观设计需要严格遵守相关国家标准设计规范，这也是设计方案能最终实施的科学性保障。与园林景观设计相关联的行业规范大致可分为绿地园林类、建筑类、城市规划类、道路交通类、工程设施类、电力照明类、环境保护类、文物保护类。这其中涉及国家标准法律规范、地方级法律规范、行政法规、技术标准与规范等。

二、生态性原则

景观规划应尊重自然，显露生态本色，保护自然景观，注重环境容量的控制，增加生态多样性。自然环境是人类赖以生存和发展的基础，其地形地貌、河流湖泊、绿化植被等要素共同构成了城市的宝贵景观资源。尊重并强化城市的自然生态景观特征，使人工环境与自然生态环境和谐共处，有助于城市特色的创造。

(一) 保护、节约自然资源

地球上的自然资源分为可再生资源（如水、森林、动物等）和不可再生资源（如石油、煤等）。要实现人类生存环境的可持续，必须对不可再生资源加以保护和节约使用。即使对可再生资源，也要尽可能地节约使用。

在景观规划设计中要尽可能使用可再生原料制成的材料，尽可能将场地上的材料循环使用，最大限度地发挥材料的潜力，减少生产、加工、运输材料而消耗的能源，减少施工中的废弃物，并且保留当地的文化特点。

（二）生物多样性原则

景观设计是与自然相结合的设计，应尊重和维护生物的多样性。它既是城市人们生存与发展的需要，也是维持城市生态系统平衡的重要基础。尊重和维护生物多样性，包括对原有生物生息环境的保护和新的生物生息环境的创造；保护城市中具有地带性特征的植物群落，包括有丰富乡土植物和野生动植物栖息的荒废地、湿地，以及盐碱地、沙地等生态脆弱地带；保护景观斑块、乡土树种及稳定区域性植物群落。

（三）生态位原则

所谓生态位，即物种在生态系统中的功能作用以及时间与空间中的地位。在有限的土地上，根据物种的生态位原理实行乔、灌、藤、草、地被植被及水面相互配置，并且选择各种生活型（针阔叶、常绿落叶、旱生湿生水生等）以及不同高度和颜色、季相变化的植物，充分利用空间资源，建立多层次、多结构、多功能、科学的植物群落，构成一个稳定的长期共存的复层混交立体植物群落。

（四）可持续发展原则

园林绿地作为现代城市中唯一具有自净能力的组成部分和城市人工生态平衡系统中的重要一环，是城市建设过程中对自然所造成破坏的一种修复和补偿。运用生态思维、遵循生态原理去创造更富生机、生态兼容的生活环境，是社会和谐发展的必然要求。

可持续发展是当前低碳社会发展的基本原则，它具体指景观设计能够产生较高的生态效能与社会效用，从而满足城市的健康、协调发展。城镇景观体系在规划和设计过程中要更多地考虑生态城市的标准，以生态效果为中心，以环境保护为导向的城市景观规划才更加符合现代城市可持续发展的要求。

三、美学原则

审美体验是我们从事景观设计的美学基础，景观空间必须具有一定的艺术审美性，使城市形成连续和整体的景观系统。景观审美一方面赋予了城市特有的艺术性质，一方面也需要符合美学及行为模式的一般规律，做到观赏与实用并存。

在景观设计中存在三种不同层次的审美价值：表层的形式美、中层的意境美和深层的意蕴美。表层的形式美表现为"格式塔"，是作用于人的感官的直接反映。景观作为客观的存在，在进行主观性审美时，就是通过形式美展现出来的。中层的意境美是统觉、情感和想象的产物，它是通过有限物象来表达无限意象的空间感觉。深层的意蕴美则是人的心灵、情感、经验、体验共同作用的结果。景观作为艺术的终极目的在于意蕴美，其审美机制是景观整体特征与主体心灵图式的同构契合。

四、文化性原则

园林景观作为城市整体环境中的一部分，无论是人工景观，还是自然环境的开发，都必然要与城市的地域文化产生多方面的联系。景观是保持和塑造城市风情、文脉和特色的重要载体。作为一种文化载体，任何景观都必然地地处特定的自然环境和人文环境，自然环境条件是文化形成的决定性因素之一，影响着人们的审美观和价值取向，同时，物质环境与社会文化相互依存，相互促进，共同成长。

景观设计要体现其文化内涵，首先要秉承尊重地域文化的原则。人们生活在特定的自然环境中，必然形成与环境相适应的生产生活方式和风俗习惯，这种民俗与当地文化相结合形成了地域文化。厘清历史文脉的脉络，重视景观资源的继承、保护和利用，以自然生态条件和地带性植被为基础，将民俗风情、传统文化、宗教、历史文物等融合在景观环境中，使景观具有明显的地域性和文化性特征，产生可识别性和特色性，是景观设计的核心精神。

在进行景观创作及景观欣赏时，必须分析景观所在地的地域特征、自然环境，结合地区的文化古迹、自然环境、城市格局、建筑风格等，将这些特色因素综合起来考虑，入乡随俗，见人见物，充分尊重当地的民族习俗，尊重当地的礼仪和生活习惯，从中抓主要特点，经过提炼，融入景观作品中，这样才能创作出优秀的、舒适宜人的、具有个性且有一定审美价值的公共景观空间作品，才能被当时当地的人和自然接受、吸纳。

五、以人为本原则

景观设计只有在充分尊重自然、历史、文化和地域的基础上，结合不同阶层人的生理和审美等各类需求，才能体现设计以人为本理念的真正内涵。因此，人性化设计应该是站在人性的角度上把握设计方向，以综合协调景观设计所涉及的深层次问题。

（一）功能性需求

设计过程中的功能性特征是设计受众在长期的生产生活演变过程中所产生的基本性需求的体验。人的行为需要影响并改变着景观环境空间的形式。例如，在一个公园里，我们可以从人们在午间时分享受公园环境的行为上观察出人们对景观和环境的需求和关注点。

"以人为本"的景观设计应当使使用者与景观之间的关系更加融洽，"人为"的景观环境应最大限度地与人的行为方式相协调，体谅人的感情，使人感到舒适愉悦，而不是用空间去限制或强制改变人们喜欢的生活方式和行为模式。

（二）情感需求

"以人为本"的景观设计应满足受众个体的情感需求，这种情感需求不仅要满足受众个体由景观优质的使用功能带来的愉悦、舒适的体验，景观的个性化也需要满足他们情感的个性需求。景观的个性化是指一定时空领域内，某地域景观作为人们的审美对象，相对于其他地域所体现出的不同审美特征和功能特征。景观的个性化是一个国家、一个民族和一个地区在特定的历史时期的反映，它体现了某地域人们的社会生活、精神生活以及当地习俗与情趣，在其地域风土上的积累。

（三）心理需求

人们对景观的心理感知是一种理性思维的过程。只有通过这一过程，才能做出由视觉观察得到的对景观的评价，因而心理感知是人性化景观感知过程中的重要一环。

对景观的心理感知过程正是人与景观统一的过程。无论是夕阳、清泉、急雨，还是蝉鸣、竹影、花香，都会引起人的思绪变迁。在景观设计中，一方面要让人触景生情，另一方面还要使"情"升为"意"。这时"景"升为"境"，即"境界"，成为感情上的升华，以满足人们得到高层次的文化精神享受的需要。

第二节
景观规划设计概念的形成

一、从客观因子推导景观设计方案

从客观因子推导景观设计方案，是指忠于设计基地的客观现实，对场地自然条件、社会条件、文化背景、建设现状等一系列客观数据进行分析得出结论之后做出客观评价，并据此做出符合基地条件及未来需求的设计。

尊重场地，因地制宜，寻求与场地和周边环境密切联系、形成整体的设计理念，是现代园林景观设计的核心思路。一套成熟合理，与场地契合度高的景观设计方案的形成，首先需要设计师用专业的眼光去观察、去认识场地原有的特性，发现它积极的方面并加以引导。而这其中，发现与认识的过程也是设计的过程。因此说，最好的设计看上去就像没有经过设计一样，其实就是对场地各类景观资源的充分发掘和利用之后达到充分契合的结果。正如布朗所言，每一个场地都有巨大的潜能，要善于发现场地的灵魂。

推导景观设计方案的客观因子主要包括自然生态因子和社会人文因子两大方面。

(一) 由生态规划法推导景观设计方案

用生态规划法推导景观设计方案是指以生态为侧重点，利用"适宜度模型"（suitability models）的技术手段，对场地自然地理因素（地质、水文、气候、生态因子等）进行详尽的科学分析，从而判断土地开发规划的最佳布局。

该理论框架和分析模式是 1962 年由"生态设计之父"麦克哈格正式提出的，他强调：场地的自然生态不仅仅是一个表象和客观解释，而且是一个对未来的指令。在 1969 年出版的《设计结合自然》（*Design with Nature*）中，他正式提出了生态规划的概念，发展了一整套从土地适应性分析到土地利用的方法和技术，即"千层饼模式"，也是图层叠加技术的发展（见图 4-1）。它是以景观垂直生态过程的连续性为依据，使景观的改变和土地利用方式适用于生态可持续发展的方法。

"千层饼模式"（见图 4-2）具体是阐述在时间作用下生物因素与非生物因素的垂直流动关系，即根据区域自然环境与资源的性能，通过矩阵、兼容度分析和排序结果来标志生态规划的最终成果，即土地建设、景观生态建设开发适宜程度，从而确保土地的开发与人类活动、场地特征、自然过程的协调一致。

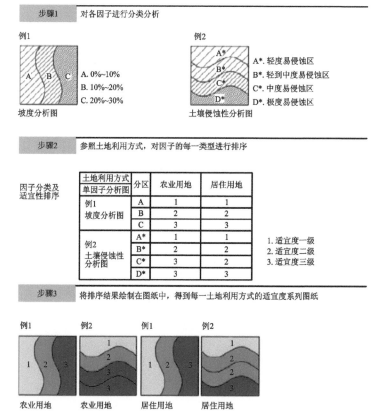

图4-1 麦克哈格土地适宜性分析过程图

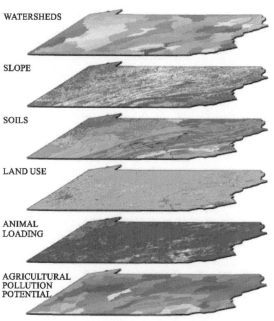

图4-2 麦克哈格"千层饼模式"分析图

任何场地都是历史、物质和生物过程的综合体。它们通过地质、历史、气候、动植物，甚至场地上生存的人类，暗示了人类可利用的机会和限制。因此，场地都存在某种土地利用的固有适宜性。"场地是原因"，这个场地上的一切活动首先应该去解释的原因，也就是通过研究物质和生物的演变去揭示场地的自然特性，然后根据这些特性，找出土地利用的固有适宜性，从而达到土地的最佳利用。

"千层饼模式"的理论与方法赋予了景观设计以某种程度上的科学性质，景观规划成为可以经历种种客观分析和归纳的，有着清晰界定的一项工作。麦克哈格的研究范畴集中于大尺度的景观与环境规划上，但对于任何尺度的景观建筑实践而言，自然生态因子都意味着一个非常重要的信息。

（二）由社会人文因子推导景观设计方案

除了基地的自然生态因子，基地所处的社会环境、地域背景、人文风俗等非物质因素，是推导景观设计方案的另一部分重要考量。如今，城市园林景观设计中出现了很多类似的形态和模式，缺乏特色和辨识度，千篇一律，究其原因就是景观设计缺乏对设计基地社会人文因子的认知和考虑。

首先，人的因素是其他各类因素在景观环境中存在的前提与基础。现代景观在自然进化与人类活动的相互作用中产生，景观设计应当更多地关注人与自然之间存在的关系与感受。在现代景观的设计过程中，并不是一味地对自然进行模仿，而是要充分考虑人对景观环境的需求和适应性。

其次，现代景观设计中要对人文元素的演变、内容，地域、民族的思维方式、审美取向等进行分析。世界观与人生观在思想文化中有着非常重要的地位，起着决定性作用。在设计过程中要避免出现千篇一律的现象，以设计艺术为协调手段实现人文元素在现代景观设计中的融入，实现对历史文脉的延续和保护，从而更好地实现人与自然之间的和谐共处。

二、从主观意向推导景观设计方案

设计师是景观设计方案的主导者。而设计师作为个体存在，本身是具有强烈的主观色彩的。一套景观设计方案的形成，大部分来自于主创人员建立在客观理性判断上的主观引导、构想及意念的渗透。

图4-3 美国911纪念公园

设计者的主观思想包涵其审美倾向、文化认知、心理情绪等。意念渗透主要指设计者对项目方案的主导构想、风格定位、寓意的表达等。例如美国911纪念公园（见图4-3）的设计中，设计师为了突出场所的归属感，在世贸双塔的原址设计了向下跌落30英尺（即9.144米）的大瀑布水景，并沿建筑遗址四边轮廓布置了一圈并列的锥形跌落引水渠，轰隆隆的流水声让人联想楼倒塌的场面，用不多的设计语言，让人们充分地感受到了场地的属性。

三、从抽象到具象的设计演变

景观方案构思的过程是一个从无到有的过程，也是一个从抽象逐步具象的过程。在这个过程中，我们会用到一些手段和方法，例如草图构思、模仿、符号演变、联想延展等。

（一）草图构思

在方案概念形成之初，设计师往往会运用草图勾勒最初的雏形和思路，它是表达方案结果最直接的"视觉语言"（见图4-4）。在设计创意阶段，草图能直接反映设计师构思时的灵光闪现，它所带来的结果往往是无法预见的，而这种"不可预知性"正是设计原创精神的灵魂所在。

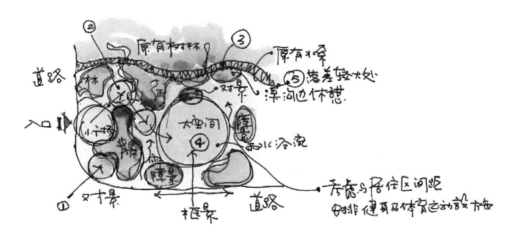

图4-4　草图构思

概念草图描绘的过程也是一个发现的过程，它是设计师对物质环境进行深度观察和描绘后提升到对一个未来可能发生的景象的想象和形态的落实。我们通过草图所追求的并非是最终的"真实呈现"或"图像"，而是最初的探索和突破，探索新鲜的创意，突破陈旧的模式。

景观设计的概念草图具体可分为结构草图、原理草图和流程草图。结构草图包括平面的布局分区、路网轴线的形态、空间的围合和起伏等，原理草图主要指景观工程原理方面，流程草图包括景观施工流程、植物生长变化过程等。虽然概念草图作为粗略的框架和结构，还有待于进一步论证和调整，但是这种方式在构思的过程中有利于沟通交流、捕捉灵感、自由发挥、不受约束地将想法较明确地表达出来，也非常方便随意修改。

（二）模仿

模仿法的核心在于通过外在的物质形态或者想法和构思来激发设计灵感。使用模仿法构思设计方案，可以大致分为形态模仿、结构模仿和功能模仿。①形态模仿，一般是指平面或立面上的空间景观外在形态呈现出类似某物质形态的状态。例如，北京奥林匹克公园（见图4-5）的水系是模仿龙的形态设计的。②结构模仿，在景观设计领域主要体现在对景观物质空间布局或单体构筑空间结构上的模拟。例如，中国古典园林中的"框景""漏窗"，既是一种模仿镜框的造景手法，也是一种景观结构，这种让视线渗透的虚空间结构被广泛地运用在各类园林营造中。③功能模仿，在景观设计中主要是指对于一些景观功能的复制与呈现，例如观赏功能、游憩功能、互动功能、点景功能等。

（三）符号演变

符号是一种特定的媒介物，人们能正常、有效地进行交流，得益于符号的建立和应用。景观符号是一个重要的元素，其基本意义在于传递景观的特定文化意义及相关信息，同时还能够表现出装饰的社会意义及审美意义。

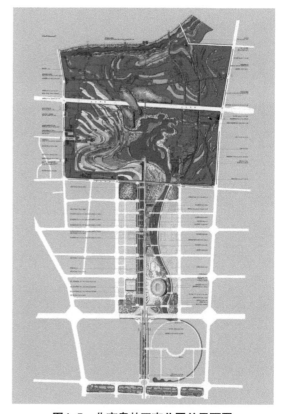

图4-5　北京奥林匹克公园总平面图

从设计的角度来讲，许多设计方案都来自于对某抽象符号的演变与延伸。首先，直接感受到符号在景观设计的表象方面的意义。最典型的方式就是利用平面或立体的方式，将景观之中应用的符号进行物化，让人们在景观之中有非常直观的视觉感受。例如以苏州博物馆为代表的设计方式，就是将一些代表地域特色的民间图案或建筑的营造方式以纹样、浮雕或符号提炼的形式布置在景园中（见图4-6）。其次，在景观设计中体验到符号的文化象征寓意。象征功能是认知功能体现的重要方面。象征功能传达出某物"意味着什么"的信息内涵。

将符号引入景观规划与设计时，切忌将符号缺乏创意地拼凑和嫁接，忽略它背后的文化价值和寓意。一定要在对其文化背景和理念深层了解的基础上，将其元素以符合现代审美的形象与所表达的主题相结合，否则会有生搬硬套的肤浅感。还要注意设计中建筑、景观与环境的协调关系。

图4-6 苏州博物馆

(四) 联想延展

要用联想法进行方案构思，设计师必须具备丰富的实践经验、较广的见识、较好的知识基础及较丰富的想象力。因为联想法是依靠创新设计者从某一事物联想到另一事物的心理现象来产生创意的。

按照进行联想时的思维自由程度、联想对象及其在时间、空间、逻辑上所受到的限制的不同，把联想思维进一步具体化为各种不同的、具有可操作性的具体技法，以指导创新设计者的创新设计活动。

1. 非结构化自由联想

非结构化自由联想是在人们的思维活动过程中，对思考的时间、空间、逻辑方向等方面不加任何限制的联想方法。这种联想方法在解决疑难问题时，新颖独特的解决方法往往出其不意地翩然而至，是长期思考所累积的知识受到触媒的引燃之后，产生灵感所致的。

2. 相似联想

相似联想循着事物之间在原理、结构、形状等方面的相似性进行想象，期望从现有的事物中寻找创新的灵感。

例如，某景区铺地的造型是由下雨雨滴泛起涟漪的景象联想而来的（见图4-7和图4-8）。

图4-7　相似联想——雨滴涟漪　　　　图4-8　相似联想——"雨滴涟漪"铺装

3. 接近联想

接近联想是指创新者以现有事物为思考依据，对与其在时间上、空间上较为接近的物进行联想来激发创意。如相似造型采用不同的材料，从而形成新的形态（见图4-9）。

图4-9　接近联想——类似造型采用不同材质

4. 对比联想

对比联想是根据现有事物在不同方面已经具有的特性，向着与之相反的方向进行联想，以此来改善原有的事物，或创造出新事物。运用对比联想法时，最好先列举现有事物在某方面的属性，而后再向着相反的方向进行联想（见图 4-10 和图 4-11）。

图4-10　对比联想——干涸土地纹路　　　　图4-11　对比联想——水波纹模拟

第三节
景观物质空间营造方法与风格

一、东方传统园林营造方法与风格

（一）中国古典园林造园手法

中国古典园林造园技法精湛，以模拟自然山水为精髓，追求"天人合一"的境界。它是东方园林的典型代表，在世界园林史上占有重要的地位。

运用现代空间构图理论对中国古典园林造园术做系统深入的分析，可以将中国古典造园原则归纳为因地制宜、顺应自然、以山水为主、双重结构、有法无式、重在对比、借景对景、延伸空间。具体的营造模式表现为主从与重点、对比与协调、藏与露、引导与示意、疏与密、层次与起伏、实与虚等。

1. 主从与重点

主从原则在中国古典大、中、小园林中都有着广泛的运用。特大型皇家苑囿由于具有一定体量的规模，对制高点的控制力要求很高；大型园林，一般多在组成全园的众多空间中选择一处作为主要景区；对于中等大小的园林来讲，为使主题和重点得到足够的突出，则必须把要强调的中心范围缩小一点，要让某些部分成为重点之中的重点。由此可见，由于规模、地形的区别，不同园区主从原则的具体处理方法不尽相同，主要有以下几种：

1）轴线处理

轴线处理的方法，是将主体和重点置于中轴线上，利用中轴线对于人视线的引导作用，来达到突出主体景物的目的。最典型的是北海的画舫斋（见图4-12）。

2）几何中心

利用园林区域的几何中心在中小型园林中较为常见，这些园林面积较小且形状较为规则，利用几何中心可以很好地达到突出主体的作用，如作为全园重心的北海的琼华岛（见图4-13）。

3）主景抬高

对于特大型的皇家园林，主体景区必须有足够的体量和气势，增加主景区的高度是常用的方法。其中最典型的是颐和园，万寿山是颐和园中的高地，佛香阁便建立在万寿山上，利用山的高度增强了它作为制高点的控制力（见图4-14）。

4）循序渐进

中国古典文化有欲扬先抑的思想，即通过抑来达到感情的升华。相对而言，配景多采取降低、小化、侧置等方式配置，纳入到统一的构图之中，形成主从有序的对比与和谐，从而烘托出主景。

2. 对比与协调

在古典园林中，空间对比的手法运用得最普遍，形式多样，颇有成效，主要通过主与次、小中见大、欲扬先抑等手法来组织空间序列。以大小悬殊的空间对比，求得小中见大的效果；以入口曲折狭窄与园内主要空间开阔

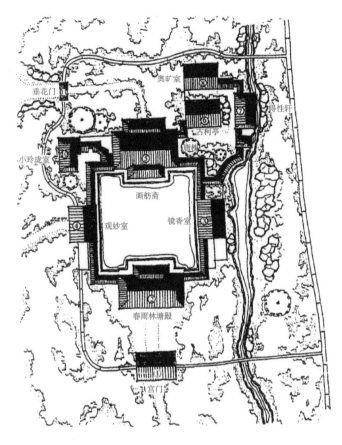

图4-12　轴线处理——北海画舫斋

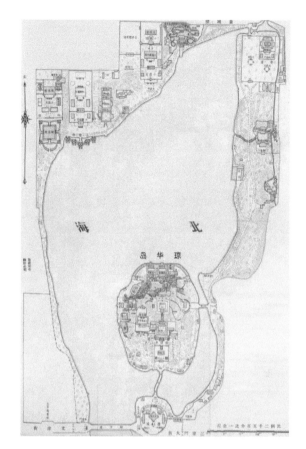

图4-13　几何中心——北海琼华岛

的对比，体现欲扬先抑的效果；入口封闭，突出主要空间的阔大；不同形状的空间产生对比，突出院内主要景区等。

　　拙政园在入口处就明显地运用了这种手法。拙政园的入口做得比较隐蔽，有意隔绝院内与市井的生活。入口位于中园的南面，首先通过一段极为狭窄的走廊之后，到达腰门处，空间上暂时得到放宽，出现一个相对较宽阔的空间，形成一个小的庭园（见图4-15）。

3. 藏与露

　　所谓"藏"，就是遮挡。"藏景"即是指在园林建造、景物布局中讲究含蓄，通过种种手法，将景园重点藏于幽处，经曲折变化之后，方得佳境。

图4-14　主景抬高——颐和园万寿山佛香阁

　　藏景包括两种方法：一是正面遮挡，另一种是遮挡两翼或次要部分而显露其主要部分。后一种较常见，一般多是穿过山石的峡谷、沟壑去看某一对象或是藏建筑于茂密的花木丛中（见图4-16）。例如扬州壶园，由于藏厅堂于花木深处，园虽极小，但景和意却异常深远。

　　所谓"露"，就是表达与呈现（见图4-17）。景观的表露也分两种：一种是率直地、无保留地和盘托出；另一种是用含蓄、隐晦的方法使其引而不发，显而不露。传统的造园艺术往往认为露则浅而藏则深，为忌浅露而求得意境之深邃，则每每采用欲显而隐或欲露而藏的手法，把某些精彩的景观或藏于偏僻幽深之处，或隐于山石、树梢之间。

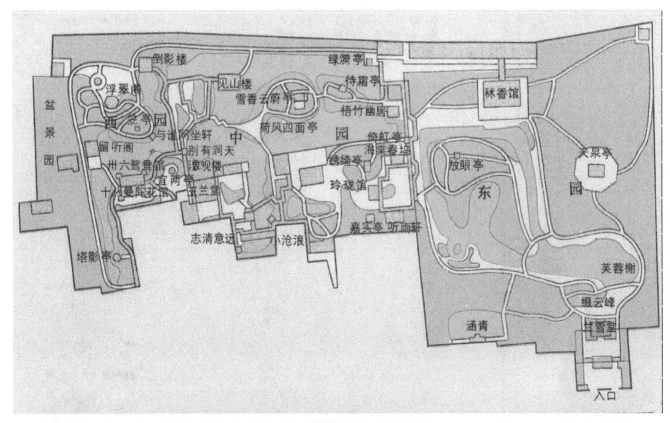

图4-15　苏州拙政园总平面图

图4-16　藏景——藏建筑于树丛中

图4-17　露景——拙政园"别有洞天"

　　藏与露是相辅相成的，只有巧妙处理好两者关系，才能获得良好的效果。藏少露多谓浅藏，可增加空间层次感；藏多露少谓深藏，可以给人极其幽深莫测的感受。但即使是后者，也必须使被藏的"景"得到一定程度的显露，只有这样，才能使人意识到"景"的存在，并借此产生引人入胜的诱惑力。

4. 引导与示意

　　一座园林的创作，关键在于引导的处理。引导是一个抽象的概念，它只有与具体景象要素融汇一气，才能体现园林思想与实景内容。引导可以决定诸景象的空间关系，组织景观的更替变化，规定景观展示的程序、显现的方位、隐显的久暂以及观赏距离。

引导的手法和元素是多种多样的，可以借助于空间的组织与导向性来达到引导与示意的目的。除了常见的游廊以外，还有道路、踏步、桥、铺地、水流、墙垣等，很多含而不露的景往往就是借它们的引导才能于不经意间被发现，而产生一种意想不到的结果。例如宽窄各异、方向不一的道路能够引起人们探幽的兴趣，正所谓"曲径通幽"（见图4-18和图4-19）。

图4-18 游廊引导空间

图4-19 杭州虎跑泉弧墙引导路线

示意的手法包括明示和暗示。明示是指采用文字说明的形式，如路标、指示牌等小品。暗示可以通过地面铺装、树木的有规律布置，指引方向和去处，给人以身随景移、"柳暗花明又一村"的感觉。

5. 疏与密

为求得气韵生动，不致太过均匀，在布局上必须有疏有密，而不可平均对待。传统园林的布局恪守这一构图原则，使人领略到一种忽张忽弛、忽开忽合的韵律节奏感。"疏与密"的节奏感主要表现在建筑物的布局以及山石、水面和花木的配置等四个方面。其中尤以建筑布局最为明显，例如苏州拙政园，它的建筑的分布很不均匀，疏密对比极其强烈（见图4-20）。

图4-20 拙政园建筑分布图

拙政园南部以树林小院为中心，建筑高度集中，屋宇鳞次栉比，内部空间交织穿插，景观内容繁多，步移景异，应接不暇。节奏变化快速，游人的心理和情绪必将随之兴奋而紧张。而偏北部区域的建筑则稀疏平淡，空间也显得空旷和缺少变化，处在这样的环境中，心情自然恬静而松弛。

6. 层次与起伏

园林空间由于组合上的自由灵活，常可使其外轮廓线具有丰富的层次和起伏变化，借这种变化，可以极大地加强整体园林立面的韵律节奏感。

景观的空间层次模式可分为三层，即前景、中景与背景，也叫近景、中景与远景。前景与背景或近景与远景都是有助于突出中景的。中景的位置一般安放主景，背景是用来衬托主景的，而前景是用来装饰画面的。不论近景与远景或前景与背景都能起到增加空间层次和深度感的作用，能使景色深远，丰富而不单调（见图4-21）。

图4-21　园林空间层次

起伏主要通过高低错落来体现。比较典型的例子是苏州畅园，它本处于平地，但为了求得高低错落的变化，就在园区的西南一角以人工方法堆筑山石，并在其上建一六角亭，再用既曲折又有起伏变化的游廊与其他建筑相连，唯其地势最高，故题名为"待月亭"（见图4-22）。

7. 实与虚

实与虚在景观设计中的运用可以起到丰富景观层次、增强空间审美、营造意境的作用。它可使人们的视觉及心理感受愉悦，具有很突出的形式美感。

图4-22　苏州畅园"待月亭"

景观园林中的"实"，顾名思义，是在空间范畴内真实存在的景观界面，是一个实际存在的实体。古典园林中的山水、花木、建筑、桥廊等都是所谓的实景。"虚"可以理解成"实"景以外的景观，即视觉形态与其真实存在不一致的一面，它一般没有固定的形态，也可能不存在真实的物体，一般通过视觉、触觉、听觉、嗅觉等去感知，例如光影、花香、水雾等。

虚与实既相互对立又相辅相成，二者是互为前提而存在的，只有使虚实之间互相交织穿插而达到虚中有实、实中有虚，无虚不能显实、无实不能存虚，这样才能使园林具有轻巧灵动的空间。

具体到造园，虚实关系在园区里的具体处理方式包括四种。①虚中有实：用点、线形成虚的面来反映空间层次。如园路边的树阵、景区中轴线上成排的树列、水景边的雕塑小品，都是由点状景观元素经过一定的序列原则组织而成的虚中有实的景观"面"。②虚实相生：虚实相生的景墙（见图4-23），视线通透，如牌坊、建筑架空等，既能合理分隔空间，又能使视线得到延伸。③实中有虚：以实体的围墙面为主，在围墙面上开凿漏窗，不但可以划分空间，还可以使景观得到无限延伸（见图4-24）。④实边漏虚：以实体构成围墙面，在四周留一些缝隙，既可使内部景观具有透气感，也可以引导人们的视线进入另一个空间，使得空间得以延伸。

图4-23　虚实相生的景墙

图4-24　实中有虚的窗景

8. 空间序列

空间序列组织是关系到园林的整体结构和布局的全局性问题，要求从行进的过程中能把单个的景连成序列，进而获得良好的动观效果，即"步移景异"。"步移"标志着运动，含有时间变化的因素；"景异"，则指因时间的推移而派生出来的视觉效果的改变。简言之，"步移景异"就是随着人视点的改变，所有景物都改变了原有状态，也改变了相互之间的关系。

园林空间序列具有多空间、多视点、连续性变化的特点。传统园林多半会规定出入口和路线、明确的空间分隔和构图中心，主次分明。一般简单的序列有两段式和三段式，如图4-25所示，其间还有很多次转折，由低潮发展至高潮，接着又经过转折、分散、收缩到结束。

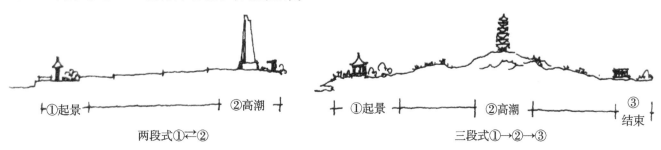

图4-25　空间序列示意图

直接影响空间序列的最根本因素就是观赏路线的组织。园林路线的组织方式大致可归纳如下。

（1）以闭合、环形循环的路线组织空间序列：常用于小型园区。其特点为：建筑物沿周边布置，从而形成一个较大、较集中的单一空间；主入口多偏于一角，设置较封闭的空间以压缩视野，使游人进入园内获得豁然开朗之感；园内由曲廊作为主要的引导，带游人进入园区高潮空间，一览园区全貌，最后由另一侧返回入口，气氛松弛，接近入口时再有小幅度起伏，进而回到起点。单循环空间序列示意图和复循环空间示意图分别如图4-26和图4-27所示。

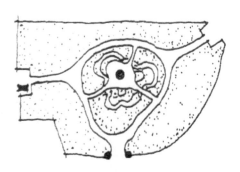

图4-26　单循环空间序列示意图

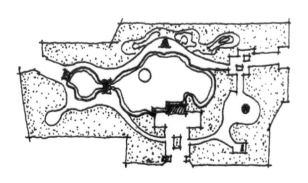

图4-27　复循环空间序列示意图

　　（2）以贯穿形式的路线组织空间序列：空间院落沿着一条轴线依次展开。与宫殿、寺院多呈严格对称的轴线布局不同，园林建筑常突破机械的对称而力求富有自然情趣和变化。最典型的例子如故宫里的乾隆花园（见图4-28），尽管五进院落大体上沿着一条轴线串联为一体，但除了第二进之外其他四个院落都采用了不对称的布局形式。另外，各院落之间还借大与小、自由与严谨、开敞与封闭等方面的对比而获得抑扬顿挫的节奏感。

图4-28　贯穿式空间序列——故宫乾隆花园

　　（3）以辐射形式的路线组织空间序列：以某个空间或院落为中心，其他各空间院落环绕着它的四周布置，人们自园的入口经过适当的引导首先来到中心院落，然后再由这里分别到达其他各景区（见图 4-29 和图 4-30）。

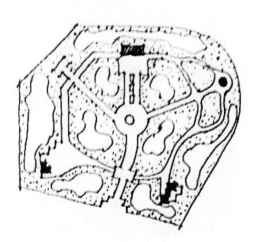

图4-29　辐射型空间序列一

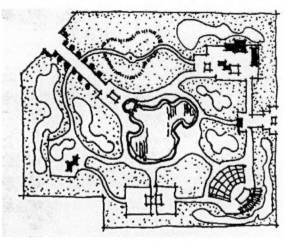

图4-30　辐射型空间序列二

9. 园林理水

园林理水从布局上看大体可分为集中与分散两种处理形式，从情态上看则有静有动。中小园林由于面积有限，多采用集中用水的手法，水池是园区的中心，沿水池周围环列建筑，从而形成一种向心、内聚的格局；大面积积水多见于皇家苑囿；少数园林采用化整为零的分散式手法把水面分隔成若干相互联通的小块，各空间环境既自成一体，又相互连通，从而具有一种水陆潆洄、岛屿间列和小桥凌波而过的水乡气氛（见图4-31），可产生隐约迷离和来去无源的深邃感。

图4-31　分散式园林理水

具体的理水手法包括掩、隔和破。①掩：如图4-32所示，以建筑和绿化将曲折的池岸加以掩映，用以打破岸边的视线局限；或临水布蒲苇岸、杂木迷离，造成池水无边的视觉印象。②隔：或筑堤横断于水面，或隔水净廊可渡，或架曲折的石板小桥，或涉水点以步石，如此则可增加景深和空间层次，使水面有幽深之感，如图4-33所示。③破：水面很小时，如曲溪绝涧、清泉小池，可用乱石为岸，怪石纵横、犬牙交齿，并植配以细竹野藤、朱鱼翠藻，那么虽是一洼水池，也令人似有深邃山野风致的审美感觉，如图4-34所示。

图4-32　掩水　　　　　　　　图4-33　隔水　　　　　　　　图4-34　破水

10. 对景与借景

所谓对景之"对"，就是相对之意。我把你作为景，你也把我作为景。在园林中，从甲观赏点观赏乙观赏点，从乙观赏点观赏甲观赏点的构景方法叫作对景。它多用于园林局部空间的焦点部位，一般指位于园林轴线及风景视线端点的景物。多用园林建筑、雕塑、山石、水景、花坛等景物作为对景元素，然后按照疏密相间、左右参差、高低错落、远近掩映的原则布局。

对景按照形式可分为正对和互对。正对是指在道路、广场的中轴线端部布置的景点或以轴线作为对称轴布置的景点；互对是指在轴线或风景视线的两端设景，两景相对，互为对景。对景一般需要配合平面和空间布局的轴线来设置。按照轴线布局的形式，对景可分为单线对景、伞状对景、放射状对景和环形对景。

1）单线对景

单线对景是观赏者站在观赏地点，前方视线中有且只有一处景观，此时构成一条对景视线。单线对景中，观赏点可以在两处景观任意一端的端点，也可以位于两处景观之间。例如拙政园西南方向，是人流相对较为稀疏的地方，塔影亭（见图4-35）成功地打破了冷落的气氛，并且距离相对较远，形成纵深感，与留听阁形成一条南北走向的轴线，是非常成功的单线对景处理。

图4-35 从留听阁看向塔影亭

2）伞状对景

伞状对景是站在观景点向前方看去，在平面展开180°的视野范围内可观赏到两处和两处以上的景观，所以从观景点向前方多个景观点做连线，比如从观景点向景观 A、景观 B 和景观 C 分别发出一条射线，就是一个"伞"形的关系。

例如拙政园的宜两亭（见图4-36），以宜两亭为观景点呈伞状向前方延伸视线，可以观赏鸳鸯馆、与谁同坐轩、浮翠阁、倒影楼、荷风亭这五处风景，景观之间的视线关系在平面图上画出如一把撑开的雨伞的骨架。

伞状对景使得观景者在一点静止不动可以观赏园内多处景观，所以伞状对景手法比单线对景手法更容易把园内景观充分地联系起来，形成"一点可观多景"的趣味性。

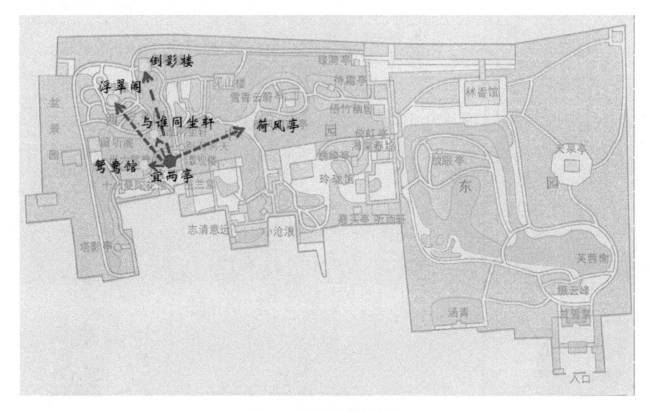

图4-36 拙政园伞状对景分析图

3) 放射状对景

放射状对景是以观景点为中心向东、南、西、北 4 个方向皆有景可对，观景点处可全方位地观景，通常在园林中心位置或者地势绝佳处可以做出放射状对景的景观形式（见图 4-37）。形成放射状对景的观景点会以离心形式向四周延伸观赏视线。放射式对景的运用对地形要求很高，一般用于大型园林。

4) 环形对景

南方园林构景常以水池为中心，建筑和景观常围绕在水池四周，所以景观通常形成环形的布局。一景对一景这样呈环形延续下去，彼此之间都形成对景，即环形对景（见图 4-38）。

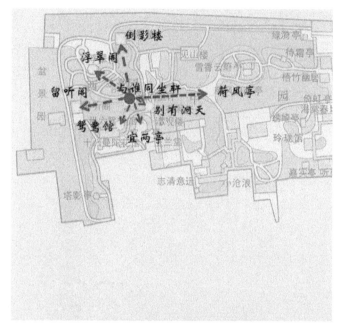

图4-37 拙政园放射状对景分析图   图4-38 拙政园环形对景分析图

环形对景可以配合观赏者脚步的移动，和引景手法相结合，既满足了景观的连续性，即景中有景，每个景观处都可以观景，也可以"被观"，可以给观赏者带来强烈的心理满足感。

借景是中国园林艺术的传统手法。有意识地把园外的景物"借"到园内可透视、感受的范围中来，称为借景。它与对景的区别是它的视廊是单向的，只借景不对景。《园冶》云：园林巧于因借……极目所至，俗则屏之，嘉则收之。这句话讲的是周围环境中有好的景观，要开辟透视线把它借进来；如果是有碍观瞻的东西，则要将它屏蔽掉。一座园林的面积和空间是有限的，为了丰富游赏的内容，扩大景物的深度和广度，除了运用多样统一、迂回曲折等造园手法外，造园者还常常运用借景的手法，收无限于有限之中。

借景手法的运用重点是设计视线、把控视距。借景有远借、邻借、仰借、俯借、应时而借之分。借远景之山，叫远借（见图 4-39）；借邻近的景色叫邻借；借空中的飞鸟，叫仰借；借登高俯视所见园外景物，叫俯借；借四季的花或其他自然景象，叫应时而借。

11. 框景与隔景

框景，顾名思义，就是将景框在"镜框"中，如同一幅画。利用园林中的建筑之门、窗、洞、廊柱或乔木树枝围合而成的景框，往往把远处的山水美景或人文景观包含其中，四周出现明确界线，产生画面的感觉，这便是框景（见图 4-40）。有趣的是，这些画面不是人工绘制的，而是自然的，而且画面会随着观赏者脚步的移动和视角的改变而变换。

隔景是将园林绿地分隔为不同空间、不同景区的景物。"俗则屏之，嘉则收之"，其意为将乱差的地方用树

图4-39 借景(远借)　　　　　　　　　　　　　　　图4-40 框景

木、墙体遮挡起来，将好的景致收入景观中。

　　隔景的材料有各种形式的围墙、建筑、植物、堤岛、水面等。隔景的方式有实隔与虚隔之分。实隔：游人视线基本上不能从一个空间透入另一个空间，以建筑、山石、密林分隔，造景上便于独创一格。虚隔：游人视线可以从一个空间透入另一个空间，以水面、疏林、廊、花架相隔，可以增加联系及风景层次的深远感。虚实相隔，游人视线有断有续地从一个空间透入另一个空间。以堤、岛、桥相隔或实墙开漏窗相隔，形成虚实相隔（见图4-41）。

图4-41 虚实相隔——颐和园昆明湖冬景

（二）日本园林造园手法

　　中国与日本在地理上是一衣带水的邻居。同宗同源的文化使得二者在哲学渊源、审美情趣、社会观念等方面都有着很大的关联性。古代中国文化对日本的强大影响也体现在了园林艺术上。

6—11 世纪，即日本奈良时代和平安时代，中国园林模式及唐代文化被带到日本。奈良时代的造园分为皇室宫苑与贵族宅院两种类型，其造园的形式、风格甚至园林游赏内容都以模仿唐朝为特色，形式以宅院形式的寝殿式庭园和作为佛寺的净土庭园为主，热衷于曲水建制，代表作有平等院凤凰堂（见图4-42）和金阁寺。平安时代逐步形成了具有日本民族特色的园林形式，庭园整体的布局形式大多以水池为中心，亦称池泉式，引水造溪流的手法是这种形式园林的最大特征。

12—14 世纪，日本造园艺术经历了镰仓时代和室町时代。该阶段中日文化交流活跃，随着宋朝禅宗思想传入日本，日本园林从此走向宗教禅宗式园林，开始向抽象化方向发展。多以朴素实用的宅院为主要形式，在寺园改造和新建的过程中，产生了以早期经典之作京都西芳寺为代表的新的庭园景观形式——枯山水（见图4-43），并且在室町时代得到了广泛的应用与发展。

图4-42　平安时代——平等院凤凰堂

图4-43　镰仓时代——枯山水庭园

16—19 世纪，日本园林的发展逐步进入黄金时代，其民族文化特色和风格更加突出，如桃山时代盛行的书院式庭园（见图4-44）和茶庭等形式，江户时代的洄游式庭园（见图4-45）。该阶段儒家思想逐渐取代了禅宗，园林布局更加强调分区功能，突出不同区域自然风景的不同性格和特点。

图4-44　桃山时代——书院式庭园

图4-45　江户时代——洄游式庭园

从渊源上说，日本园林出自中国园林体系，但是它又在后期的发展过程中超出了机械模仿的范畴，兼容并蓄，不断创新，逐渐形成了具有日本民族独有特色的清新自然风格的山水园林景观。日本园林的精彩之处在于它的小巧而精致、孤寂而玄妙、抽象而深邃，能用极少的构成要素达到极大的意韵效果，尤其在小庭园方面产生了颇有特色的庭园。它有别于中式园林人工之中见自然，而是自然之中见人工。它着重体现和象征自然界的景观，避免人工斧凿的痕迹，创造出一种简朴、清宁的致美境界。

1. 日本园林造园要素

日本园林造园要素部分与中国古典园林相似，但是由于其不同的民族特色和审美习惯，也产生了很多特有的造园要素，大到书院、茶室，小到洗手钵、蹲踞、尘穴等。按照类型，日本园林造园要素大致可分为建筑、园山、砂石、池泉、植物和园林小品。

1）园林建筑

日本园林中的建筑可分为实用型、休闲型和小品型三种。实用型建筑多为宗教性建筑，常见的包括寝殿、金堂（见图4-46）、方丈、神社（见图4-47）和庵，有的用于居住，有的用于参拜和修行；休闲型建筑大多兼顾功能与观赏性，例如亭（见图4-48）、台、轩、堂、观、书院、渡廊、茶室、舟屋（见图4-49）等，也有像塔（见图4-50）和鸟居（见图4-51）（类似牌坊的神社附属建筑）这样纯粹是作为景观观景的对象而存在或者镇寺之用，虽然有平台栏杆，但是不能攀爬登临；小品型建筑虽然也具有实用性，但主要还是承载装饰功能，常见的包括围墙、篱笆（见图4-52）、园门、桥梁等。

图4-46 实用型园林建筑——奈良东大寺金堂　　　　图4-47 日本神社（用于参拜）

图4-48 休闲型园林建筑——亭

图4-49 休闲型建筑——舟屋　　　图4-50 休闲型建筑——塔　　　图4-51 休闲型建筑——鸟居

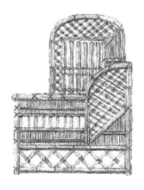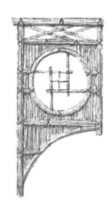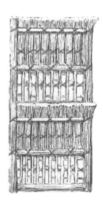

图4-52 小品型园林建筑——篱笆

2）园山

从构成上来讲，日本园林里的园山一般分为石山和土山。石山一般以石堆叠而成，如图4-53所示；土山的特点是山体的坡度较小，较陡的称为筑山，较缓的称为野筋，表明是自然所为，它们是象征日本岛国的岛山（见图4-54）。

图4-53 石山 　　　　　　　　　　　　　图4-54 土山

3）砂石

砂和石是日本庭园营造中最基本的元素。石，既可组景起点缀风景的作用，还可分隔空间作为隔景、障景等来使用。砂，在日本庭园中有很强的实用性和造景性。实用性是指保护地表使尘土不扬、不受霜害，并有采光的反射作用。在造景方面，砂也能很好地强调空间，用来表现水，做出各种各样的水波纹，再以石作为海岛，便是日本庭园所独有的"枯山水"（见图4-55）。

4）池泉

池泉（见图4-56）作为水元素的一种形式，主要运用在池泉园这类园林类型中。它一般由以水域为中心的园林构成，水池周围布置岛、瀑布、溪流和桥、亭等。它也是日本园林的最初形式，表达了日本园林的造园环境是岛国。

5）植物

日本园林植物配置的一个突出特点是同一园中的植物品种不多，常常以一到两种植物作为主景植物，再选用另一两种植物作为点景植物，层次清楚，形式简洁但十分美观。选材以常绿乔木为主，以苔草类和灌木类为辅，如图4-57所示。其中，苔藓在日本园林艺术中扮演着很重要的角色，因为它被认为是一种和平的植物，给人的感觉是欢迎来到这与世隔绝的地方，如图4-58所示。花卉较少但多有特别的含义，如樱花代表完美，鸢尾代表纯洁等。

图4-55　枯山水

图4-56　池泉

图4-57　日本园林——植物组合

图4-58　日本园林——苔藓园

6）园林小品

日本庭园中小品种类很多，样式丰富，它们在庭园构图中起到了重要的作用，并具有一定的装饰功能，处理手法极为丰富，每一种都有许多变化，是日本园林里最具特色的一部分。非常典型的包括石灯笼、洗手钵、蹲踞、惊鹿、尘穴等。

（1）石灯笼最早用作照明引路和佛前献灯，后来发展到庭园中具有照明和观赏功能的景物。石灯笼用于庭园之中，作为茶道礼仪和园林小品，预示着光明和希望，会给人带来好运。运用时需综合考虑花园本身的大小，合理选择安置石灯笼，一般将石灯笼放置在紧靠池塘的平石上（见图4-59）。

图4-59　日本园林小品——石灯笼式样

（2）日本庭园中的洗手钵是茶庭的必备品，一般由整块石头打凿砌成，供人净手、漱口之用。高的称为洗手钵，一般近 1 米高，如图 4-60 所示；矮的称为蹲踞，一般不过 20~30 厘米高，如图 4-61 所示。茶会之时，茶客在进入茶室之前经过茶庭的时候，就必须在洗手钵或蹲踞前先洗手和漱口，以达清净身心的目的。

图4-60　日本园林小品——洗手钵　　　　　　　　　　　图4-61　日本园林小品——蹲踞

（3）惊鹿（逐鹿）也叫添水器或者惊鸟器，一般由竹木制作而成，原本是通过杠杆运动原理，利用储存一定量的流水使竹筒两端的平衡转移，然后竹筒的一端敲击石头发出声音，用来惊扰落入庭园的鸟雀（见图 4-62）。惊鹿主要用来展现日式园林体系中存在的一种含蓄的禅意，经常与日式"之"字桥搭配出现，成为一处雅致的景观。

图4-62　日本园林小品——惊鹿

2. 日本园林造园类型

按照历史发展脉络和功能，日本园林可分为寝殿造庭园、净土式庭园、禅宗庭园、书院式庭园以及茶庭、露地等。从造园形式而言，日本园林一般可分为枯山水庭园、池泉园、筑山庭、平庭、茶庭、洄游式庭园及它们的组合。

1）枯山水庭园

枯山水又叫假山水，是日本为适应地理条件而建造的缩微式园林景观，系日本园林造园手法之精华，现多见于小巧、静谧、深邃的禅宗寺院。其本质意义是无水之庭，即在庭园内敷白砂，缀以石组或适量树木，因无山无水而得名。

枯山水的造园手法主要是以岩石为主，白砂、绿树、苔藓、光秃的黑石相衬，布置成象征山水自然的庭园。作为干枯的山水景观，一般用白砂铺地，象征大海、江湖，白砂上会刻意地画出各类波纹图案（见图 4-63），例如涟漪式、起波式、纲代式、男性式、青海式、漩涡式、狮毛式、观音式等。曲折蜿蜒，用以寓意水流、风浪、大海等，其间点缀松柏和枫树，矮树丛，苔藓点点，寓意岛屿、高山等景观，形成一个超凡脱俗的境界。山石的摆放组合也非常讲究，主要是利用单块石头本身的造型和它们之间的配列关系。石形务求稳重，底广预削，不作飞梁、悬挑等奇构，也很少堆叠成山，这与中国的叠石很不一样。甚至有的枯山水将石头纹理精密相接，表现瀑布或自然界的各种流水，其意境来源于中国的水墨画，注重幽远意境，顺其自然，简朴幽静。

图4-63 枯山水砂石波纹样式

此外，根据其具体的造景方式，枯山水还可分为：砂石枯山水，即纯粹采用石和砂为材料来表现景观的枯山水庭园；苔庭，主要以青苔这一类薜草类植物为主要素材表现景观的枯山水庭园（见图 4-64）；型木（篱）式枯山水，完全用修剪树木来表现意境的枯山水庭园，如知恩院庭园；书画式枯山水，是把禅理、画理、园理集中体现在造景之中的枯山水庭园（见图 4-65），例如南禅寺方丈庭园（见图 4-66）、医光寺庭园等。

2）池泉园

池泉园是以池泉为中心的园林，构成体现日本园林的本质特征即岛国性国家的特征。园中以水池为中心布置岛、瀑布、土山、溪流、桥、亭、榭等，例如修学院离宫（见图 4-67）。

图4-64　苔庭枯山水庭园

图4-65　书画式枯山水庭园

图4-66　南禅寺方丈庭园

3）筑山庭

筑山庭是在庭园内堆土筑成假山，缀以石组、树木、飞石、石灯笼等共同构成的园林空间（见图 4-68）。一般要求有较大的规模以表现开阔的河山，常利用自然地形加以人工美化来得到幽深丰富的景致。

图4-67　池泉园——修学院离宫

图4-68　筑山庭——高台寺庭园

4）平庭

平庭即在平坦的基地上进行规划和建设的园林，一般在平坦的园地上表现出一个山谷地带或原野的风景，将各种岩石、植物、石灯笼和溪流配置在一起，组成各种自然景色，多用于草地、花坛等。根据庭内敷材不同，平庭分为芝庭、苔庭、砂庭、石庭等。

5）茶庭

茶庭也叫露庭，犹如中国园林的园中之园，是把茶道融入园林之中，为进行茶道的礼仪而创造的一种园林形式，其格调洗练、简约，并突出其"闹中取静"的山林隐逸、平淡恬逸的境界。园林的布局完全按照茶道的礼仪安排，一般划分为"外露地"和"内露地"两部分，以"中门"隔开。茶庭的面积很小，可设在筑山庭和平庭之中，一般是在进入茶室前的一段空间里布置各种景观。步石道路按一定的路线经厕所、洗手钵最后到达目的地。位于京都的长生庵茶庭（见图4-69）就是典型案例。

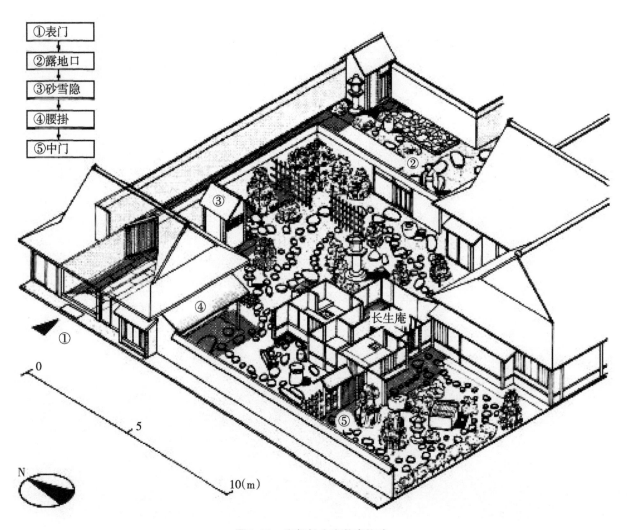

图4-69 京都长生庵茶庭构造

6）洄游式庭园

洄游式庭园是指在大型庭园中设有洄游式的环池路，或可兼作水面游览用的洄游兼舟游式的环池路等，一般是舟游（见图 4-70）、洄游、坐观（见图 4-71）三种方式结合在一起，从而增加园林的趣味性。有别于中国园林的步移景随，日本园林是以静观为主。

图4-70　舟游式洄游式庭园　　　　　　　　图4-71　坐观式洄游式庭园

3. 日本园林造园特征

1）源于自然，匠心独运

日本园林充分利用造园者的想象，从自然中获得灵感，创造出一个对立统一的景观。注重选材的朴素、自然，以体现材料本身的纹理、质感为美。造园者把粗犷、朴实的石料和木材，竹、藤、苔藓等植被以自然界的法则加以精心布置，使自然之美浓缩于一石一木之间，使人仿佛置身于一种简朴、谦虚的至美境界。

2）规划布局力求含蓄，讲究写意，意境深远

日本园林常以写意象征手法表现自然，构图简洁，意蕴丰富。在空间上追求峰回路转，无穷无尽，以含蓄的"藏"的境界为上。因此，平面构图常采用不对称式设计，道路、水岸、地形等以自然蜿蜒的曲线构图。

3）高度抽象性和象征性

日本园林的基本特征是在有限的范围里再现大自然之美，并用象征的方式来表现自然山水的无限意境。具体表现在日本庭园设计较为突出的主观意念，比如用庭石组成山岳或峡谷，用立石代表瀑布，用白砂代表流水，恰当地体现了日本造园手法取法于山水画的高度抽象性和象征性。在表现自然时，日本园林更注重对自然的提炼、浓缩，并创造出能使人入静入定、超凡脱俗的心灵感受，具有突出的象征性，能引发观赏者对人生的思索和领悟。

4）追求细节，构筑完美

日本庭园最精彩的部分在于景观处理上凝练而精致于细节。对于细节的刻画是日本园林中的点睛之笔，尤其是丰富的小品设计和利用上。例如对微小的东西如一根枝条、一块石头所做出的感性表现，显得极其关心，这些在飞石、石灯笼、门、洗手钵等的细节处理上都有充分的体现。

5）清幽恬静、凝练素雅

日本的自然山水园具有清幽恬静、凝练素雅的整体风格，尤其是日本的茶庭，小巧精致，清雅素洁；不用花卉点缀，不用浓艳色彩，在相当有限的空间内，表现出深山幽谷之境，给人以寂静空灵之感。空间上，对园内的植物进行复杂多样的修整，使植物自然生动，枝叶舒展，体现出天然本性。

6）体现禅意

日本园林的造园思想受到极其浓厚的宗教思想的影响，追求一种远离尘世、超凡脱俗的境界。特别是后期的枯山水，竭尽其简洁，竭尽其纯洁，无树无花，只用几尊石组、一块白砂，便凝缠成一方净土。

7）动静对比

静与动的对比组合是日本庭园的基本原则，如瀑布的动与水池的静、水中的游鱼与踏步石、飞架的石桥与庭院灯等。此外，追求声音变化也是日本庭园中静动组合的又一重要特点。在庭园中留恋松风、竹簌、流瀑的声音，还利用潺潺流水的声音和清脆的竹响，给人以深山幽谷中的深邃静谧之感。

8）色彩搭配

在色彩方面，日本庭园景观也是极讲究的。日本庭园多以白色砂石铺设地面，植物覆盖很少，总体色调趋于冷色调。日式建筑屋里屋外都泛着灰色，不用那种俗气的艳色，而是巧妙地把深浅不一的褐色、灰色和赤土色一一结合起来，其造成的感觉定然是人们虽置身庭园，却如坐自然之中，达到轻松愉悦的观感。

二、欧洲园林景观设计方法

欧洲园林是世界三大园林体系之一。它以古埃及和古希腊园林为渊源，文艺复兴之后，涌现出意大利台地园，后期以法国古典主义园林（以几何规则构图为特色）和英国自然式风景园林为优秀代表。

（一）意大利园林

意大利园林以典型的规则式台地园著称，造园手法追求"严谨的几何构图"，遵循"几何美学"与"人定胜天"的秩序法则。意大利园林最早可追溯到代表古罗马造园最高成就的城市别墅园和郊区别墅园，是欧洲古典园林造园成就的代表之一。

1.意大利园林的造园风格

根据历史发展脉络及园林风格的差异，意大利园林可划分为美第奇式园林、台地园林和巴洛克式园林三大类型。

1）美第奇式园林

该风格的园林多建在丘陵坡地上，营造的建筑环境体现出庄园主人的个性（见图4-72）。选址时比较注重周围环境，要求有可以远眺的前景。追求和谐的比例关系，园地一般顺山势辟成多个台层，但各台层相对独立，没有贯穿各台层的中轴线。

建筑往往位于最高层以借景园外，建筑风格尚保留有一些中世纪的痕迹，如小窗、屋顶有雉堞等。建筑与庭园部分都比较简朴、大方，有很好的比例和尺度。喷泉、水池常作为局部中心，并且与雕塑结合，注重雕塑本身的艺术性。水池形式则比较简洁，理水技巧也不甚复杂。绿丛植坛是常见的装饰，但图案花纹很简单，多设在下层台地上。代表作品有卡雷吉奥庄园、卡法吉奥罗庄园和菲埃索罗庄园。

图4-72　美第奇式园林

2）台地园林

文艺复兴中期最具特色的就是依山就势开辟的台地园林，它对之后欧洲其他国家的园林发展影响深远。意大利台地园的形成主要来自其地形和气候条件。意大利平原地区夏季十分闷热，但山丘地段由于地势高差，温度体感截然不同，由此形成了意大利台地园结构。主要代表性庄园有由伯拉孟特设计的 Belvedere（贝尔维德）庭园和由 Kardinal Ippolito 设计的 D'Este（埃斯特）庄园（百泉宫）（见图4-73）。

图4-73　意大利文艺复兴名园——Villa D'Este(百泉宫)

台地园的选址非常重视丘陵山坡，一般依山势辟成多个台层。园林规划布局严谨，主要建筑物通常位于山坡地段的最高处，在它的前面沿山坡而引出的一条中轴线上开辟一层层的台地，分别配置保坎、平台、花坛、水池、喷泉、雕像。用明确的中轴线贯穿全园，联系各个台层，使之成为统一的整体。

庭园轴线有时分主、次轴，甚至不同轴线呈垂直、平行或放射状。中轴线两旁栽植高耸的丝杉、黄杨、石松等树丛，作为本生与周围自然环境的过渡；然后利用水池、喷泉、雕像以及造型各异的台阶、坡道等加强透视效果，景物对称布置在中轴线两侧。各台层上往往以多种水体造型与雕像结合作为局部中心，如图 4-74 和图 4-75所示。中轴线上庭园作为建筑的室外延续部分，力求在空间形式上与室内协调和呼应。这是规整式与风景式相结合而以前者为主的一种园林形式。

台地园的另外一个特色是理水的手法已十分娴熟，不仅强调水景与背景在明暗与色彩上加以对比，而且注重水的光影和音响效果，并以水为主题形成多姿多彩的水景。常用的设计手法包括三种。①高处汇聚水源做贮水池，然后顺坡势往下引注成为水瀑，平淌或流水梯，在下层台地则利用水落差的压力做出各式喷泉，在最低一层平台地上又汇聚为水池。②为欣赏流水声音而设立装置，有意识地利用激水之声构成音乐的旋律，如水风琴、水剧场等，它们利用流水穿过管道，跌水与机械装置的撞击，产生不同的音响效果。③突出趣味性的水景处理，产生出其不意

图4-74 意大利台地园水景——水瀑   图4-75 意大利台地园水景——流水梯

的游戏效果。

　　台地园的植物造景在该阶段更加丰富，形式包括将密集的常绿植物修剪成绿篱、绿墙、迷园、绿荫剧场的舞台背景，绿色的壁龛、洞府等。该阶段园路变化多端，花坛、水渠、喷泉及细部的线条开始由直线变为曲线。

　　3）巴洛克式园林

　　受巴洛克风格的影响，该阶段的园林艺术也出现追求新奇、表现手法夸张的倾向，并且园中大量充斥着装饰小品和一些巴洛克艺术特定的元素，比如形体被故意地处理成夸张的曲线及奇形怪状的边缘，悬臂（见图4-76）和滴水嘴兽开始被使用。由 Vignola 设计的 Villa Lante（兰特庄园，见图4-77）和由 Borromeo 设计的 Isola Bella 是这一时期的典型代表。

图4-76 悬臂水景   图4-77 意大利兰特庄园Villa Lante

　　园内建筑物的体量都很大，占有明显的统率地位。巴洛克风格特别明显地表现在台阶的造型上，常设计成流动的曲线形。注重形体和光影的对比，追求戏剧性效果。巴洛克园中的林荫道纵横交错，甚至采用城市广场中三叉式林荫道的布置方法。花坛图案以回环的曲线为主，有时整个花园为一幅图案，绿墙修剪成波浪形或其他曲线形式，点缀一些绿球，利用透视术造成幻觉。

这一时期的园林不仅在空间上伸展得越来越远，而且园林景物也日益丰富细腻。另外，在园林空间处理上，力求将庄园与其环境融为一体，甚至将外部环境作为内部空间的补充，以形成完整而美观的构图。巴洛克式园林中最具代表性的有伊索拉·贝拉庄园（Villa Isola Bella）、加尔佐尼庄园（Villa Garzoni，见图4-78）和冈贝里亚庄园（Villa Gamberaia）等。

图4-78　意大利加尔佐尼庄园Villa Garzoni

2. 意大利园林的造园特征

1）修坡筑台

意大利园林的造园特征之一是充分利用地形来建造园林。意大利多低山和丘陵，故意大利人巧妙地将山坡改造成一级级台地，为造园提供空间。台地是以人工的方式将坡地改造成的平坦地块，它的宽窄取决于坡地的陡峭程度，长短取决于地形的需要。台地除了用于建造别墅园各类景观之外，还是欣赏园内外景色的观景台。

2）均衡布局

意大利园林主要以规则式、轴线式布局为主，小部分是非规则式的。布局讲究均衡、对称、和谐，层次清晰，常以一定的轴线为脉络，以纵横相交的轴线为中心，辅以方格式的布局规划。建筑常位于中轴线上，府邸一般设在庄园最高处，作为控制全园的主体，显得雄伟壮观。

3）理水万千

水是意大利园林中的重要元素。由于意大利夏季炎热，在花园中需要降温以增加其舒适性，所以常利用自然水源作为园区的主要景观之一。常用的四种理水方式包括喷泉、水池、瀑布、水剧场。一般由高处水池汇集水源，然后顺地形而下，形成瀑布、喷泉、水池等，增添园内的活泼气氛。

4）植物造景

在植物的运用上，多采用对植、行植、带植、丛植及片植的方式。在植物造景的方式上，常将单株、带植或丛植的树木按照设计者的意图修剪成各种造型。常见的造型有各种几何体，如球形、方形、圆锥形等；也有修剪为建筑造型的，如拱门、壁龛等。意大利园林植物造景如图4-79所示。

图4-79　意大利园林植物造景

5）雕塑陈列

雕塑的运用极大地丰富了意大利园林艺术的内涵，也提高了其艺术水准。在古罗马时期就有将雕塑陈列在花园的习惯，用以装饰自己的花园。到文艺复兴时期，逐步产生了将雕塑作品移出室外的做法，并将这种形式逐渐发展成为花园博物馆。

（二）法国古典园林

法式园林主要以法国古典园林为代表。17世纪下半叶，古典主义成为法国文化艺术的主导潮流，在园林景观设计中也形成了古典主义理论。古典主义突出轴线，强调对称，注重比例，讲究主从关系。由著名法国造园大师勒诺特尔主持设计的凡尔赛宫花园便是这一时期的代表作之一，被后人称为勒诺特尔式园林。勒诺特尔式园林的出现，标志着法国园林艺术的成熟和真正的古典主义园林时代的到来。

1. 法国古典园林造园元素

1）花坛

法国园林中的花坛以勒诺特尔设计的六种类型为典型代表，即"刺绣花坛""组合花坛""英国式花坛""分区花坛""柑橘花坛""水花坛"。

① "刺绣花坛"（模纹花坛）是将黄杨之类的树木成行种植，形成刺绣图案，在各种花坛中是最优美的一种。这种花坛中常栽种花卉，培植草坪（见图4-80和图4-81）。

② "组合花坛"是由涡形图案栽植区、草坪、结花栽植区、花卉栽植区四个对称部分组合而成的花坛。

③ "英国式花坛"就是一片草地或经修剪成形的草地，四周辟有小径，外侧再围以花卉形成的栽植带，形式比较普通（见图4-82）。

图4-80 法国爱情花园"刺绣花坛"纹样

图4-81 "刺绣花坛"实景图

④ "分区花坛"与众不同，它完全由对称的造型黄杨树组成，没有任何草坪或刺绣图案的栽植（见图 4-83）。

图4-82 "英国式花坛"

图4-83 "分区花坛"

⑤ "柑橘花坛"与"英国式花坛"有相似之处，但不同的是"柑橘花坛"中种满了橘树和其他灌木。

⑥ "水花坛"则是将穿流于草坪、树木、花圃之中的泉水集中起来而形成的花坛。

2）树篱

树篱是花坛与丛林的分界线，形态样式规则，且相互平行。从 1 米的短树篱到 10 米的高树篱，各种高度应有尽有。树篱一般栽种得很密，行人不能随意穿越，而另设有专门出入口。树篱常用树种有黄杨、紫杉、米心树等。

4）丛林

丛林通常是指一种方形的造型树木种植区，分为"滚木球戏场"（见图 4-84）、"组合丛林"、"星形丛林"（见图 4-85）、"V 形丛林"四种。"滚木球戏场"是在树丛中央辟出一块草坪，在草坪中央设置喷泉，草坪周围只有树木、栅栏、水盘，而没有其他装饰物。"组合丛林"和"星形丛林"中都设有许多圆形小空地。"V 形丛林"则是在草坪上将树木按每组五棵种植成"V"字形。

图4-84 "滚木球戏场"丛林模式

图4-85 "星形丛林"模式

5）水景（喷泉和水渠）

法国园林十分重视用水，认为水是造园不可或缺的要素。巧妙地规划水景，特别是善用流水是表现庭园生机活力的有效手段。水景一般以喷泉和水渠的形式呈现。法国园林中喷泉的设计方案多种多样，有的取材于古代希腊罗马神话，有的取材于动植物装饰母题，它们大多具有特定的寓意，并能够与整个园林布局相协调（见图4-86）。水渠的应用主要是为创造开阔的视野和优美的景观，同时为庭园的主人提供游乐的场所（见图4-87）。

图4-86 法国园林——凡尔赛宫喷泉

图4-87 法国园林——水渠

6）花格墙

花格墙的设计虽然由来已久，但只是在法国园林中才将中世纪粗糙的木制花格墙改造成为精巧的庭园建筑物并引用到庭园中。造园中花格墙成为十分流行的庭园要素，得到广泛应用，并有专职工匠制作。庭园中的凉亭、客厅、园门（见图4-88）、走廊（见图4-89）及其他所有建筑性构造物都可用花格墙建造。花格墙不仅价格低廉，而且制作容易，具有石材所不可比及的优越性。

7）雕塑

法国园林中的雕塑大致可分为两类：一种是对古代希腊罗马雕塑的模仿，一种是在一定体裁的基础上的创新。后者大多个性鲜明，具有较强的艺术感染力。

2.法国古典园林造园原则及特征

法国古典园林着重表现的是路易十四统治下的秩序，是庄重典雅的贵族气势，具有完全人工化的特点。广袤无疑是体现在园林的规模与空间的尺度上的最大特点，追求空间的无限性，因而具有外向性的特征。尽管设有许

图4-88　花格墙——园门

图4-89　花格墙——走廊

多瓶饰、雕像、泉池等，却并不密集，丝毫没有堆砌的感觉，相反，具有简洁明快、庄重典雅的效果。具体特征体现在以凡尔赛宫（见图 4-90）为典型代表的法国园林作品中。

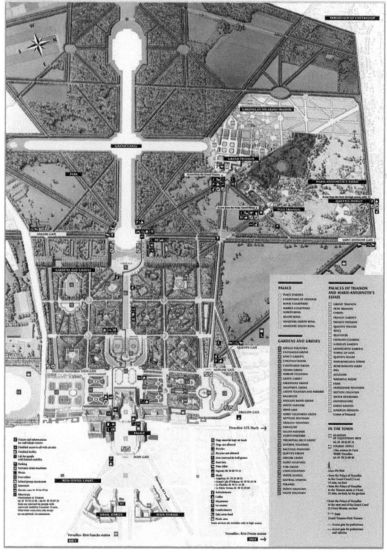

图4-90　法国凡尔赛宫总平面图

（1）法国园林属于平面图案式园林，具有强烈的平面铺展感，其选址比较灵活。法国园林中有许多成功之作就曾将沼泽等不利地形改造成美丽的园林景观。

（2）法国园林是作为府邸的"露天客厅"来建造的，因此需要很大的场地，而且要求地形平坦或略有起伏。平坦的地形有利于在中轴两侧形成对称的效果。

（3）法国园林善于利用宽阔的园路形成贯通的透视线，此外还采取了设置水渠的方法以构造出前所未有的恢宏园景。

（4）法国园林在平面构图上采用了意大利园林轴线对称的手法，主轴线从建筑物开始沿一条直线延伸，以该轴线为中心对称布置其他部分，园林形式以表现皇权至上为主题思想。

（5）构图上，府邸居于中心地位，起着统率和控制全园的作用，通常建在制高点上，花园的规划在规模、尺度和形式上都要服从于建筑。

（6）花园本身的构图体现出等级制度。贯穿全园的中轴线是重点装饰对象，最美的花坛、雕像、喷泉都布置在中轴线上，道路分级严谨。整个园林为条理清晰、秩序严谨、主从分明、简洁明快、庄重典雅的几何网格。各节点上布置的装饰物，强调了几何形构图的节奏感。中央集权的政体得到理性的体现。

（7）植物配置多选用阔叶乔木，但是为了保证视廊通透，不选用高大的树木。其他种植以丛植为主，形成茂密的丛林，这是法国平原上森林的缩影，边缘经过修剪，被直线形道路所限定而形成整齐的外观。丛林内部又辟出许多丰富多彩的小型活动空间。

（8）为了适应法国温和的气候，花坛多以花卉种植为主，有时也用黄杨矮篱组成图案，但是底衬是彩色的砂石或碎砖，富有装饰性，犹如图案精美的地毯。

（9）水景应用了法国平原上常见的湖泊、河流的形式，以静水为主，以动水为辅，只在缓坡上做一些小跌水，总体体现辽阔、平静、深远的气势。

（10）水池、喷泉、雕塑及小品装饰一般设置在路边或交叉口，虽没有自然式园林中步移景异的效果，但是也有着点缀和引人入胜的作用。

（三）英国风景式园林

18世纪，英国的造园活动成了欧洲规则式园林和自然式园林的分水岭。自然风景园在园林设计上的自由灵活、不守定式是英国园林有别于意大利园林和法国园林的特殊之处。选址多为宫苑附近的大片空地上，这样既方便皇室贵族享用，又能不受场地限制，创造出开阔宜人的园林景观。

风景式园林比较规整式园林，更突出自然景观方面的呈现和表达。它否定了纹样植坛、笔直的林荫道、方正的水池、整形的树木，扬弃了一切几何形状和对称均齐的布局，尽量避免人工雕刻的痕迹，代之以自然流畅的湖岸线、动静结合的水面、缓缓起伏的草地、弯曲的道路、高大稀疏的乔木或丛植、自然式的树丛和草地、蜿蜒的河流，讲究借景和与园外的自然环境相融合（见图4-91）。

1. 英国自然风景园林的发展历程

1）庄园园林化时期

英国的自然风景园林兴起于18世纪初期，盛行于18世纪60—80年代。造园艺术体现在对自然美的追求上，提倡象征自由的不规则式园林。这种自然风景式庭园以起伏开阔的草地、自然曲折的湖岸、成片成丛自然生长的树木为要素，尽量利用森林、河流和牧场，将庭园的范围无限扩大，庭园周围的边界也完全取消，不用墙篱围绕，而仅仅是掘沟为界，集中体现为一种庄园园林化风格。这一时期庄园园林化风格的典型代表有斯道园（Stowe，见图4-92）、罗斯海姆（Rousham）和艾舍园（Esher）等。

庄园园林化风格园林景观的特点主要体现在：①因地制宜，使园林具有环境特征，力图改变古典主义园林千

图4-91　英国风景式园林景象

篇一律、千人一面的形象；②抛弃围墙，改用兼具灌溉和泄洪作用的干沟来分隔花园、林园、牧场，把自然景观引进了花园，加强了视线的渗透和空间的流动；③结合兼具生产性的牧场和庄园进行景观设计，大大降低了维持一个精致的几何式花园的经济负担。

2）画意式园林时期

随着18世纪中叶浪漫主义在欧洲艺术领域中的风行，出现了画意式自然风致园林（见图4-93）。在这个阶段，由于宗教的传播与交流，东方园林艺术被介绍到欧洲。因此，该阶段的造园思想在很大程度上受到了东方哲学、艺术文化的影响。

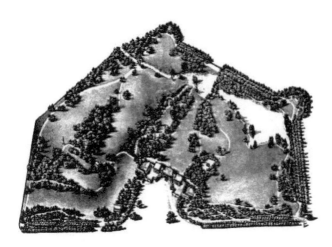

图4-92　布朗改造后的斯道园（Stowe）全景图

图4-93　英国画意式自然风致园林

英国皇家建筑师威廉·钱伯斯（William Chambers，1723—1796 年）是在欧洲传播东方造园艺术的最有影响力的人之一。他给王太后主持设计修建的丘园（Kew Garden，见图 4-94）是该风格的典范之作。

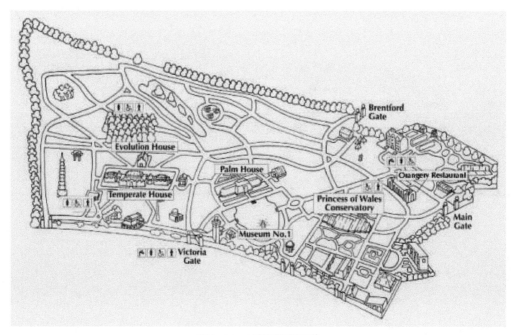

图4-94　丘园总平面图

设计师首次运用"中国式"造园手法，建造了一座"中国塔"，不仅为园区提供了一个观赏景物的制高点，而且由此引导了一条园区长 850 米的主轴线，即从"中国塔"经过温带温室到棕榈温室是游览东部地区的主要路线，轴线两侧混合种植着落叶阔叶树与常绿针叶树，形成步移景异的框景，登塔眺望可将全园景色尽收眼底（见图 4-95）。

由此可见，画意式园林风格的特质主要表现为：①缅怀中世纪的田园风光，喜欢建造哥特式的小建筑，模仿中世纪风格的废墟、残迹；②喜用茅屋、村舍、山洞和瀑布等具有野性的景观作为造园元素，使园林具有粗犷、变化和不规则的美；③大胆采用具有异域情调的元素，如丘园的"中国塔"、威尔顿庄园里的"中国桥"（见图 4-96）以及其他画意式园林中喜用的中国式山洞。

图4-95　英国丘园"中国塔"轴线

图4-96　威尔顿庄园里的"中国桥"

3）自然式园艺派风景园时期

18 世纪下半叶，自然式风景园具有自然疏朗、色彩明快、富有浪漫情调、范围广阔、舒展开阔、真切自然的特质，颇受大众喜爱，风景式造园进入极盛时代。

风景式造园在布局上完全取消了花园和林园的界限，大片的缓坡草坪成为花园的主体，甚至一直延伸到建筑物外围。恢复原本天然的缓坡草地景观，并利用地形阻隔视线，全园只有主要景区而无明显的轴线。建筑物在总体布局中不再起主导作用，并能很好地与自然环境衔接、融合在一起（见图4-97）。

图4-97　英国自然式园艺派风景园

此外，为了改善完全模仿大自然景观的园林过于单调的情况，设计师开始在园林中布置一些花架等装饰性景观构筑物，作为建筑与自然的过渡，并开始使用台地、绿篱、人工理水、植物修剪、鸟舍、雕像等建筑小品。总体园林空间布局非常讲究虚实、色彩、明暗的比例关系。

2. 英国园林造园特征

1）回归自然

英国园林在形式上摆脱了先前时代园林与自然相对割裂的状态，使园林与自然景观结合起来；而且在内容上摆脱了园林就是表现人造工程之美、表现人工技艺之美的模式，形成了以形式自由、内容简朴、手法简练、美化自然等为特点的新风尚——风景式园林。

2）自由式设计

英国园林把自由灵活的形式、人与自然的和谐、风景画般的景色等作为追求的境界。自由式设计在地形的处理上，利用地形、地势的种种变化，按坡置景，按势种植；在园路布置上，则体现了荷加斯"曲线是最美的线"的理念，宁曲勿直，蜿蜒的园路既联络了各个景点，又起到了引景的作用。

3）建筑小品的运用

英国园林中的建筑小品包括各类神庙、亭阁、碑牌、游桥等。园林建筑在英国园林中占有十分重要的位置，它既是"点石成金"的造景之物，又是"筑巢引凤"的引景之物。

4）植物材料的运用

在英国园林中，除了一些保留下来的林荫大道之外，树木多采用不规则的孤植、丛植、片植等形式。大面积草地运用广泛，花卉的运用非常丰富，或在府邸周围建小型花卉园，一池一品、一池一色；或是在园路两侧种植带状花卉进行装饰，以期达到天然野趣的效果。

5）理水的方式

在英国自由式的风景园林中，理水以自然水体的形式为主。常将自然的溪流、河道进行一些必要的处理，使流水的形式更加优美，更适宜观赏。这种蜿蜒流淌的线形水体，给风景园增加了变化，增加了灵性。

三、现代景观设计方法

近千年东西方造园的理念及方式方法为现代景观设计提供了深厚的基础和借鉴。较之过去，现代景观设计加入了更多的社会因素、技术因素等，是一个多项工程相互协调的具有一定复杂性的综合型设计。就具体的景观空间营造而言，运用好各种景观设计元素，安排好项目中每一地块的用途，设计出符合土地使用性质、满足客户需要、比较适用的方案需要从以下几个方面考虑：

（一）构思与构图

构思是景观设计最重要的部分，也可以说是景观设计的最初阶段。构思首先考虑的是满足其使用功能，充分为地块的使用者创造、规划出满意的空间场所，同时不破坏当地的生态环境，尽量减少项目对周围生态环境的干扰；然后，采用构图及各种手法进行具体的方案设计。构思是一套景观方案的灵魂及主导。首先，构思包涵了设计者想赋予该设计地块的文化寓意、美学意念和构建蓝图；其次，它是后期方案设计构架的框架结构；最后，构思是一个需要经过客观论证和主观推敲的过程，由此它也成为方案最终能落实的基本保障。

构思的方式多样，每一种都有自己的特色，可以为后期的方案设计提供富有创意的线索。例如，运用设计草图的自由性和灵活性捕捉灵感，运用平面构成的美学原理构建平面和空间造型，运用符号学原理将某一种符号进行空间联想展开，然后运用到实际的景观营造中，对空间进行增减组合等。

构图是要以构思为基础的，构图始终要围绕着满足构思的所有功能来进行。景观设计的构图既包括二维平面构图，也涵盖三维立体构图。简言之，构图是对景观空间的平面和立体空间的整体结构按照构成原理进行梳理，从而形成一定的规律和脉络，也是空间形式美的一种具体表现。

平面构图主要表现在园区内道路、绿地景观、小品等分布的位置以及互相之间的比例关系上（见图4-98）；立体构图具体体现在地块内所有实体内容上，尤其是建筑、植物、设施等有高差变化的实体之间形成的空间关系和视廊轴线。两者均按照一定的形式美法则进行排列组合，最终构成有序的景观园林秩序空间。

图4-98 某酒店景观"曲直结合"构图模式

形式美构图的具体表现形态包括点、线、面、体、质感、色彩等，这些构图方式在景观设计中都得到了充分运用，且具备科学性与艺术性两方面的高度统一。例如，某居住区中心景观区里以休息亭为"点"景，以流动的花架、曲线的道路为"线"，以体量稍大的水景与平台的组合形成"面"的空间（见图4-99）。这些既要通过艺术构图原理体现出景观个体和群体的形式美及人们在欣赏景观时所产生的意境美，又要让构景符合人的行为习惯，满足环境心理感受。

图4-99　某居住区中心景观"点、线、面"构图模式

点状构图一般是指园区里的单体构筑，有焦点和散点之分。焦点，一般位于横直两条黄金分割线在画面中的交叉位置，在视觉上具有凝聚力，景点就是我们常见的园区里的视觉中心，可以突出表达创作意境；散点，多环绕边缘地带布置或在填充空间的位置，一般给人轻松随意、富有动感的感觉，在空间上有一定的装饰效果。

在景观形式美的营造上，线的运用是关键，线型构图有很强的方向性，垂直线庄重有上升之感，而曲线有自由流动、柔美之感。神以线而传，形以线而立，色以线而明，线的粗细还可产生远近的关系。景观中的线型空间不仅具有装饰美，而且还充溢着一股生命活力的流动美。

景观中的线型空间可分为直线和曲线两种。线会让人产生宁静、舒展的感觉，例如景区里直线道路表现出秩序感和理性，而弧线和弯曲的道路则会增加游人的趣味体验感和空间的活泼感等。

面状构图的相对尺度和体量要大一些，形态多样，或曲或方，或多边形或自由形，给人开阔的感觉，把它们或平铺或层叠或相交，其表现力非常丰富。面状构图不仅可满足游人的休憩活动功能，也可起到聚合零碎空间的作用，例如大面积的水域或者草坪等。

（二）渗透与延伸

在景观设计中，景区之间并没有十分明显的界限，而是你中有我，我中有你，渐而变之。渗透和延伸经常采用草坪、铺地等，起到连接空间的作用，给人在不知不觉中景物已发生变化的感觉，在心理感受上不会"戛然而止"，给人以良好的空间体验。

空间的延伸对于有限的园林空间获得更为丰富的层次感具有重要的作用，空间的延伸意味着在空间序列的设计上突破场地的物质边界，它有效地丰富了场地与周边环境之间的空间关系。不管是古典造园还是现代景观设计，我们都不能将设计思维局限于单向的、内敛的空间格局，内部空间与外部空间之间必要的相互联系、相互作用都是设计中必须考虑的重要问题，它不仅仅只是简单的平面布置，更会关系到整体环境的质量，即便是一座仅仅被当作日常生活附件的小型私家花园也应当同周围的环境形成统一的整体。

在通常情况下，空间的边界已经由建筑物及其他实体所确定，它们往往缺乏园林空间所需要的自然的氛围，空间的延伸就是为了改善这种空间的氛围。因此，古代的造园家与现代景观设计师们都运用相同的手法处理基本的景观要素，如山石、植物和小巧精致的构筑物，对现有的场地边界做了精心的处理。这些处理既可以丰富园林本身的"意境"，又使城市的整体功能和环境得到了改观。而场地的分界本身可以由植物或其他天然的屏障构成，使其成为景物的一部分，同时对内部和外部空间起到了美化作用。

（三）尺度与比例

景观空间的尺度与比例主要体现在景观空间的组织、植物配置、道路铺装等方面，具体包括景点的大小与分布、构筑物之间的视廊关系、景观天际轮廓线的起伏、景观设施中的人体工程学尺度等。此外，人观景时的尺度感受也是重点。尺度的主要依据在于人们在建筑外部空间的行为。以人的活动为目的，确定尺度和比例才能让人感到舒适、亲切。

1. 空间组织中的尺度与比例

空间是设计的主要表现方面，也是游人的主要感受场所。能否营造一个合理、舒适的空间尺度，决定设计的成败。

1）空间的平面布局

园林景观空间的平面规划在功能目的及以人为本设计思想的前提下，体现出一定的视觉形式审美特点。平面中的尺度控制是设计的基本，在设计时要充分了解各种场地、设施、小品等的尺寸控制标准及舒适度。不仅要求平面形式优美可观，更要具有科学性和实用性。例如3~4米的主要行车道路，两侧配置叶木的枝叶在靠近道路0.6~1.5米的范围内应按时修建，用于形成较为适当的行车空间。

2）空间的立体造型

园林景观空间中的立体造型是空间的主体内容，也是空间中的视觉焦点。其造型多样化从视觉审美及艺术性角度而言，首先要与周围环境的风格相吻合统一，其次要具备自身强烈的视觉冲击力，使其在视觉流程上与周围景观产生先后次序，在比例、形式等构成方面要具有独特的艺术性。空间的不同尺度传达不同的空间体验感。小尺度适合舒适宜人的亲密空间，大尺度空间则气势壮阔、感染力强，令人肃然起敬。

2. 植物配置中的尺度与比例

1）植物配置中的尺度

植物配置中的尺度，应从配置方式上体现园林中的植物组合方式，体现出植物造景的视觉艺术性。根据植物自身的观赏特征，采用多样化的组合方式，体现出整体的节奏与韵律感。

孤植、丛植、群植、花坛等植物造景方式都体现出构成艺术性。孤植树一般设在空旷的草地上，与周围植物形成强烈的视觉对比，适合的视线距离为树高的3~4倍，如图4-100所示；丛植运用的是自由式构成，一般由5~20株乔木组成，通过植物高低和疏密层次关系体现出自然的层次美，如图4-101所示；群植是指大量的乔木或灌木混合栽植，主要表现植物的群体之美，如图4-102所示。种植占地的长宽比例一般不大于3∶1，树种不宜多选。此外，还有树木高度上的尺寸控制问题，或者纵横有致，或者高低有致，前后错落，形成优美的天际轮廓线。

2）园林中利用植物而构成的基本空间类型

（1）半开敞空间——少量较大尺度植物形成适当空间。它的空间一面或多面受到较高植物的封闭，限制了视

图4-100　孤植

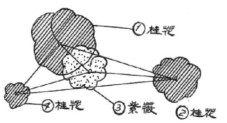

图4-101　丛植

图4-102　群植

线的穿透。其方向性指向封闭较差的开敞面。

（2）开敞空间——用小尺度植物形成大尺度空间。仅以低矮灌木及地被植物作为空间的限制因素。

（3）完全封闭空间——高密度植物形成封闭空间。此类空间的四周均被植物所封闭，具有极强的隐秘性和隔离感，比如配电室、采光井等周围被植物遮蔽，增加隐蔽性和安全性等。

（4）覆盖空间——高密度植物形成限定空间。利用具有浓密树冠的遮阴树，构成顶部覆盖而四周开敞的空间。利用覆盖空间的高度，形成垂直尺度的强烈感觉。

3. 铺装设计中的尺度概念

铺装的尺度包括铺装图案尺寸和铺装材料尺寸两个方面，两者都能对外部空间产生一定的影响，产生不同的尺度感。

铺装图案尺寸是通过铺装材料尺寸反映的，铺装材料尺寸是重点。室外空间常用的材料有鹅卵石、混凝土、石材、木材等。混凝土、石材等大空间的材料易于创造宽广、壮观的景象，而鹅卵石、青砖等易于体现小空间的材料则易形成肌理效果或拼缝图案的形式趣味（见图4-103至图4-105）。

图4-103　景观铺装——青砖

图4-104　景观铺装——鹅卵石

图4-105　景观构造——木廊架

铺装材料粗糙的质感产生前进感，使空间显得比实际小；铺装材料细腻的质感则产生后退感，使空间显得比实际大。人对空间透视的基本感受是近大远小，因此在设计中把质感粗糙的铺装材料作为前景，把质感细腻的铺装材料作为背景，相当于夸大了透视效果，产生视觉错觉，从而扩大空间尺度感。

（四）质感与肌理

质感是材料本身的结构与组织，属材料的自然属性，质感也是材质被视觉神经和触觉神经感受后经人脑综合处理产生的一种对材料表现特性的感觉和印象，其内容包括材料的形态、色彩、质地等几个方面。肌理是指材料本身的肌体形态和表面纹理，是质感的形式要素，反映材料表面的形态特征，使材料的质感体现更具体，形态和色彩更容易被感知，因此说肌理是质感的形式要素。

在景观空间设计中，营造具有特色的、艺术性强、个性化的园林空间环境，往往需要采用独特性、差异性的不同材料组合装饰。各界面装饰在选材时，既要组合好各种材料的肌理质地，也应协调好各种材料质感的对比关系。

装饰材料的不同质感对景观空间环境会产生不同的影响，例如材质的扩大缩小感、冷暖感、进退感，给空间带来宽松、空旷、亲切、舒适、祥和的不同感受。在景观环境设计中，装饰材料质感的组合设计应与空间环境的功能性、职能性、目的性设计等结合起来考虑，以创造富有个性的园林空间（见图4-106至图4-108）。

图4-106　木材质感　　　　图4-107　金属质感　　　　图4-108　石材与植物结合质感

（五）节奏与韵律

节奏这个具有时间感的用语，在景观设计上是指以同一视觉要素连续重复时所产生的运动感。韵律原指音乐、诗歌的声韵和节奏。景观空间营造时由单纯的单元组合重复，由有规则变化的形象或色群间以数比、等比处理排列，使之产生音乐、诗歌的旋律感，称为韵律。有韵律的设计构成具有积极的生气，有加强魅力的能量。

韵律与节奏是在园林景观中产生形式美不可忽视的一种艺术手法，一切艺术都与韵律和节奏有关。韵律与节奏是同一个意思，是一种波浪起伏的律动，当形、线、色、块整齐而有条理地重复出现，或富有变化地重复排列时，就可获得韵律感。韵律感主要体现在疏密、高低、曲直、方圆、大小、错落等对比关系的配合上。

景观设计中韵律呈现的表达形式也是多样的，可以分为连续韵律、间隔韵律、交替韵律、渐变韵律等。

1. 连续韵律

连续韵律一般是以一种或几种要素连续重复排列，各要素之间保持恒定的关系与距离，可以无休止地连绵延长，往往可以给人以规整整齐的强烈印象。一般在构图中呈点、线、面并列排列，犹如音乐中的旋律，对比较轻，往往在内容上表现同一物象，并且以相同的规律重复出现。如用同一种花朵，或相同大小的同一色块的连续使用和重复出现。花坛、花台、花柱、篱垣、盆花设计中应用较多，相同形状的花坛，种植相同花卉或相同花色的花卉连续排列，形成整齐规整的效果（见图4-109）。

2. 间隔韵律

间隔韵律在构图上表现为有节奏的组合中突然出现一组相反或相对抗的节奏。对比性的节奏可以打破原有节奏的流畅，形成间断，就像音乐旋律中忽然加入一级强音符，从而形成强烈的对比节奏。在花坛、花台、花径、花柱、篱垣、花墙、盆花等装饰应用中运用较多，避免呆板（见图4-110）。例如，花坛、植被配置时利用不同结构形态、不同类型的物种，颜色、高度等完全不相近的盆栽间隔摆放，形成既有分隔空间作用但不至于隔断空间、增强通透性的效果，还能打破一种盆栽的单调、呆板的氛围。

3. 交替韵律

交替韵律与间隔韵律相似，它是运用各种造型因素做有规律的纵横交错、相互穿插等手法，形成丰富的韵律

图4-109　连续韵律景观　　　　　　　　　　　　　　图4-110　间隔韵律景观

感。运用形状、大小、线条、色调等多种因素交替变化，产生韵律形式美，规律而又多样（见图4-111和图4-112）。

图4-111　交替韵律景观一　　　　　　　　　　　　　图4-112　交替韵律景观二

4. 渐变韵律

渐变韵律是各要素在体量大小、高矮宽窄、色彩深浅、方向、形状等方面做有规律的增或减，形成渐次变化的统一而和谐的韵律感。有规律地增加或减少间隔距离、弯曲弧度、线条长度等，可以形成一种动态变化。这种具有动式的旋律作品的构图，有强烈的动态节奏感（见图4-113）。

图4-113　渐变韵律景观

第五章

景观规划方案设计

JINGGUAN GUIHUA FANG'AN SHEJI

第一节
景观方案设计流程

步骤一：项目基地调研分析

景观设计的首要步骤是对设计基地的各类客观条件、社会条件以及与景观之间的关系有一个全面深入的了解。基地分析的核心目的是对现状资源进行梳理与分类，提取对景观设计具有突出影响的关键因子，从而使资源的核心价值和影响在规划中得到延伸。然后，通过技术分析来判断基地各部分最适当的功能布局，从而创建和谐美好的景观环境。

基地分析的具体内容主要分为自然环境和建设环境两大部分。自然环境的分析项目包括气候、风向、地形、地貌、水文、植被等，建设环境的分析项目包括区位条件、历史背景、交通设施、周边环境等。

（一）基地自然环境分析

1. 气候分析

景观设计首先必须考虑的就是当地的气候条件，即一个区域随着时间的推移平均的天气状况。如何根据特定的气候条件进行最佳场地和构筑物设计？用怎样的手段修正气候的影响以改善人居环境？这两个问题是做景观设计重点需要解决的问题。

基地的气候分析具体包括对设计基地所在区域的地理位置、气候类型、全年温度变化、日照、风向和雨水情况等数据进行剖析（见图5-1），分析不同的数据指标对环境的影响。这些分析因子将直接影响到景观设计中植物配置的模式、建筑构筑物的位置、水系的分布方式等。

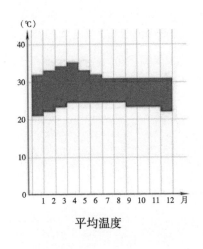
平均温度

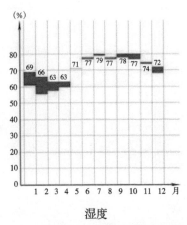
湿度

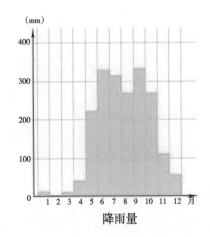
降雨量

图5-1 景观气候分析图

2. 地形分析

地形分析可以借助 GIS（地理信息系统）技术来完成，它可以提供基础地形的高程、坡度、坡向、分区、高程三维模拟、航拍影像等资料，为景观设计基地基础信息梳理提供有利的条件和辅助。例如：通过场地坡度分析，可以找出适宜的建设用地，减少对场地的人为破坏；通过场地坡向分析，可以分析坡向对风力的影响，判断阳坡和阴坡，为空间造型和植物种植提供参考依据（见图5-2）。

基地坡度分析

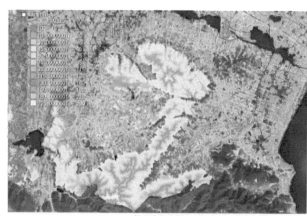

基地高程分析

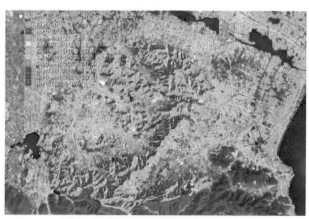

基地坡向分析

DEM 数字高程模型分析

图5-2　太湖风景名胜区GIS地理信息分析

3. 水文分析

　　水是景观设计基地的基础自然条件，也是最核心的景观资源。它以水渠、池塘、溪流、湖泊或海洋等形式存在，承载着生态给养、微气候调节、灌溉、排水、休闲游憩等功能。由此，合理利用水和水域是景观空间营造的一个核心环节。不同的水文地质条件决定了不同的自然景观特色，具体到水域形态、水位高低、水的流向、水安全格局、雨洪管理等，都是景观设计要考虑和分析的重要基地自然条件因素（见图5-3）。

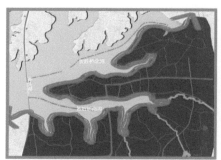

水体形态

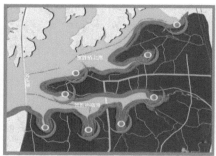

水安全格局

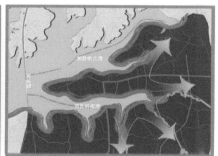

水流方向

图5-3　景观项目基地水体分析图

4. 植被分析

植物是景观设计中占比最重的一部分要素。在基地分析中，植被分析主要分为两个方面：一是基地现存植被覆盖情况，二是基地适宜种植的物种分析。

（二）基地现状建设环境分析

1. 基地区位条件分析

区位条件分析是对设计项目所在的地域、文化、环境等因素的了解与认知，是所有项目设计开始前的准备工作。最基本的基地区位条件分析包括以下几个方面。

1）城市区位

城市区位是分析项目基地所处的城市的区域位置，通过对城市区域的研究，分析设计基地的区域地理属性、区域经济地位、区域人文社会环境、区域发展政策及条件等信息。可以了解所在城市的方位、行政权属、人文环境、气候条件、城市规模和与城市之间的距离等信息。城市区位分析大到国际、国家级，小到省、市、区级，可根据项目的区域影响大小进行分析。

2）基地位置

基地位置分析主要是分析设计基地在城市区域所处的位置，以及基地的红线范围、控制线、退线等。

3）基地周边环境

基地周边环境的分析，主要是分析基地与周边环境的空间关系，具体包括基地与城市之间的轴线关系、公共空间布局、建筑情况（体重、高度、密度、朝向、间距、风格）、噪声环境、地标设施、视线分析等。

4）区位优势与限制

分析、总结基地区域独特的资源与优势、机遇与挑战及不利条件等，可采用 SWOT 分析法。SWOT 分析法又称为态势分析法，是一种能够较客观而准确地分析和研究一个单位现实情况的方法。也可采用价值体系分析的方式评价基地资源（见图 5-4）。

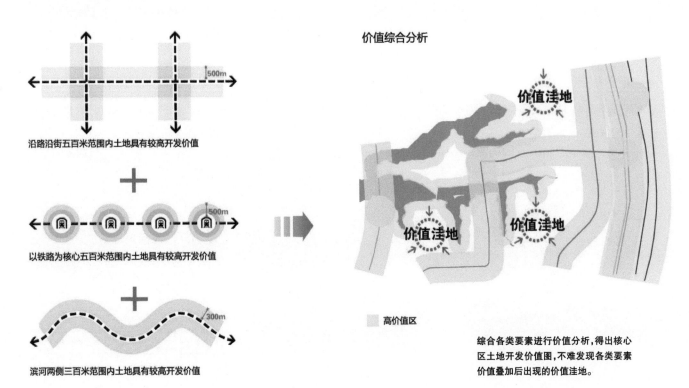

图5-4　某景观项目基地价值优势分析

2. 人文历史背景分析

景观设计需要对基地所处区域民族景观文化内涵做深入分析，然后在形式和内涵方面进行全新的排列和组合，才能推导出有文化价值和意义的当代景观空间。

人文背景分析具体包括对当地地域文化、发展历程、社会风俗、生活习惯、建筑风格、文化特色等的了解，尤其需要深入的部分是基地本身的场所文脉。

3. 基地现状交通可达性分析

基地现状交通分为外部宏观交通和内部交通两个部分。外部宏观交通具体是指基地与外界的交通连接方式、方向、轨迹等，包括街道、公路、铁路甚至航线（见图5-5）。内部交通主要是分析基地内部的路网、基地的出入口、交通的灵活性等流线轨迹。

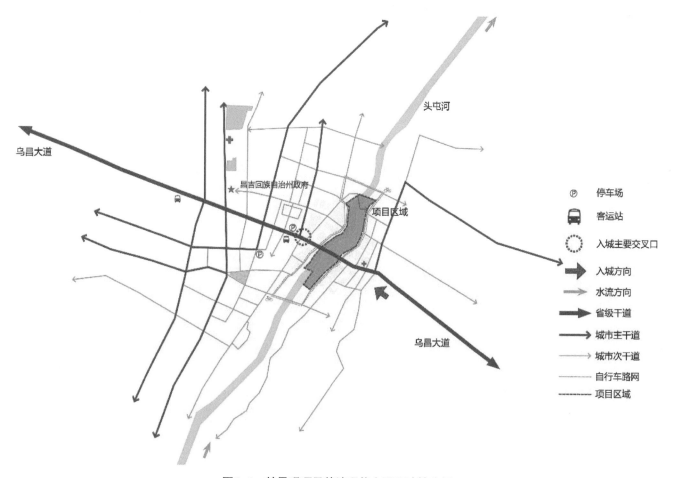

图5-5　某景观项目基地现状交通可达性分析

4. 基地建设现状分析

很多项目基地并非是完全的空地提供给设计方去营造的，而是留存了很多已建项目，包括用地性质、建筑设施、植被等。这部分内容经过分析和梳理，一方面可以帮助设计方评估其价值，为后期方案是否保留做判断依据，另一方面也可以为新方案引导一条设计脉络。

步骤二：项目设计立意与构思

（一）项目设计立意

立意，其实就是主题思想的确定。它强调在造园之前必不可少的匠新构思，也就是指导思想、造园意图，是设计者综合考虑功能需要、艺术需要、环境条件等因素之后产生的总的设计意图。立意可分为主观和客观两层含义：主观立意是指设计者试图通过设计表达何种思想，例如颐和园中的佛香阁建筑群体现的是礼佛烧香的内容；客观立意是指设计者如何最充分地利用基地环境条件。

立意的方式和出发点有很多种，例如从人文情怀立意、从生态角度立意、从工程技术角度立意、从历史文化立意、从功能角度立意、从审美倾向立意等。

从人文情怀立意，即将诗情画意融入造园中，既反映了园林造园艺术的精湛，又大大提高了景观艺术的表现力和感染力。

从生态角度立意，就是以生态学的原理为依据建立自然而舒适的境域，将生态观注入景观设计的方方面面，以具有前瞻性和可持续发展的眼光进行设计。如德国柏林波茨坦广场水园（见图5-6）的设计，将雨水作为重要内容进行考虑，利用绿地滞蓄雨水，一方面防止雨水径流的产生，起到防洪作用，另一方面促进雨水的蒸发，起到增加空气湿度、改善生态环境的作用。

从历史文化立意，是根据历史文化的地域性、时代性等，对历史文化采用借鉴、继承、保留、转化、象征、隐喻等方式进行立意。例如，德国柏林勃兰登堡门附近的犹太人屠杀纪念碑群（见图5-7），总共由2711个暗灰色、大小不一、高低错落的水泥柱排列组成，它表达了对战争的记忆和对逝者的缅怀，体现了纪念的意味。

图5-6 德国柏林波茨坦广场水园　　　　　　　　图5-7 德国柏林犹太人屠杀纪念碑群

（二）项目设计构思

项目设计构思多侧重于方案形态结构上的考虑，需要设计者在对基地调研分析的基础上，通过思考将客观存在的各类要素按照一定的规律架构起来，形成一个完整的抽象物，并采用图形、模型、语言、文字等方式呈现出来。

步骤三：微地形设计

微地形设计作为场所空间载体的一部分，主要是指在景观设计过程中采用人工模拟大地形态及起伏错落的韵律而设计出有起伏变化的地形，其地面高低起伏，但起伏幅度不太大。微地形在园林景观设计中用地规模较小，多以人工改造后的地形为主。

微地形可以结合后期的植物种植和造景，使整个空间既彼此分隔又相互联系。这些空间是可以通过设计师控制景观视线来构成不同的类型的。比如说，视野开阔、地形平坦的微地形就可以构成开放的空间。坡地、山体和水体可以构成半封闭或封闭的景观空间。可以认为，微地形的这种多元性和多边性，是增加人们对于周围环境体验的一种方式，并且创造了多种多样的空间类型效果。

微地形从形态上大致分为曲线型和直线型。曲线型微地形（见图5-8）是指运用柔和流畅的曲线来模拟地形地貌，从而营造出自然倾斜的风景，如公园中的草坡，甚至用于极限运动的、有硬质铺装的坡地都属于此类。直线型微地形（见图5-9）是微地形中较为常用的表现方式，是指在微地形的设计过程中主要采用直线条，营造出层层叠叠波澜起伏的地形地貌，如现代景观设计中常用到的嵌草大台阶、层层叠叠的假山石、下沉广场等。

图5-8　曲线型微地形

图5-9　直线型微地形

微地形的设计一定要在尊重原有地形地貌的基础上因地制宜地进行塑造。它一般布置在园区小范围空间里，可从水平和垂直两个维度空间打破整齐划一的感觉。通过适当的起伏变化，搭配富有层次的植物，从而创造更丰富的景园空间。

步骤四：景观方案平面设计

（一）功能结构布局

功能结构布局是景观构成确定结构框架的重要设计环节。它一般以平面设计为起点，重点研究功能需求，根据景观功能的主次、序列、并列或混合关系，进行功能分析，再利用功能的表现形式，如串联、分枝、混合、中心、环绕等，用框图法画出园林的功能分区图，解决平面内各内容的位置、大小、属性、关系和序列等问题，再组织空间形象。具体来说，需要将景区各功能部分的特性和相互之间的关系进行深入、细致、合理、有效的分析，最终决定它们各自在基地内的位置、大致范围和比例结构关系。一般采用"泡泡图"的形式来表达。（见图5-10）。

功能分区的划分依据主要来自环境功能要求、景观营造需要、交通路网特点、园林主题等因素。划分方式丰富多样，可以按照活动的方式划分为动区与静区，可以按照人的活动心理划分为公共活动区和私密活动区，也可以按照活动的各种具体类型划分为滨水活动区、老人活动区、儿童游乐区、观赏区、体育健身区、文娱教育区，等等。

（二）景观流线设计

景观流线之于景观方案，如同血管系统之于人体，是保持方案完整性、承接内外关联性、维系空间互动性的核心要素。

景观设计中的流线系统包括平面流线和竖向流线两大类。平面流线首先直观地体现在路网结构即园区的总体骨架上，其次体现在水系脉络和景观节点的节奏上，主要是蜿蜒的水岸线和起伏的景观廊道。它按照交通功能，具体可分为步行交通流线、机动车交通流线、非机动车交通流线、游客人流路线（见图5-11）、工作人员人流路

功能分区：
　　公园划分为健康休闲区、森林野趣区、古塔山景区、儿童乐园区、果林踏青区和疏林草坪区。它们各具特色，动静相宜。
　　公园西侧结合采石场的改造，以自然生态恢复为主；东侧结合文笔塔及景点的设置，以人文休闲为主。
　　总占地面积16.4万平方米。

森林野趣区 38400 平方米

古塔山景区 22130 平方米

儿童乐园区 12160 平方米

健康休闲区 17380 平方米

果林踏青区 19260 平方米

疏林草坪区 7250 平方米

图例　LEGEND
古塔山景区
健康休闲区
儿童乐园区
森林野趣区
果林踏青区
疏林草坪区

图5-10　某景观设计方案功能分区结构图

线；按照道路等级来分，可分为主干道、次干道和小园路。竖向流线主要是立体空间上的轴线，例如景观轴线、视线通廊、通风廊道、天际轮廓线等（见图 5-12）。

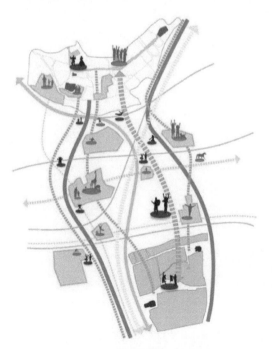

图5-11　某景区游人活动流线

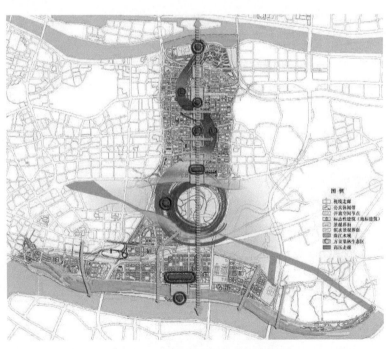

图5-12　某景区景观轴线、视线通廊

（三）水景营造

平面设计阶段的水景营造主要是指平面上静态水体的布局与设计，即水体的形态、比例以及在园区中分布的区位。平面形态的造型有模拟自然水域形态的自由曲线形态，例如湖泊、溪流等，也有人工规则水体，例如水池、水塘、喷水池、游泳池等（见图5-13）。水体的平面布局需要把控水体与周边环境的融合度，考虑施工的可行性。

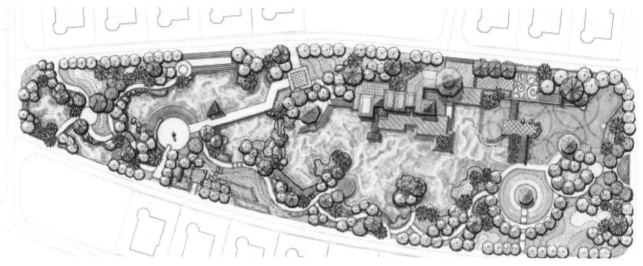

图5-13　某居住区景观水体设计方案

景观水体的营造需要秉承几个基本原则：宜"活"不宜"死"的原则。只有流动的活水才可以带给城市和景区带来灵气与活力；宜"弯"不宜"直"的原则。河流的自然性、多样性弯曲是河流的本性，所以设计水体时，要随弯就弯，不要裁弯取直。河流纵向的蜿蜒性，形成了急流与缓流相间；深潭与浅滩交错。只有蜿蜒曲折的水流才有生气、灵气；虚实结合，动静结合的原则。

从组景的角度来说，水面应由一个主要空间和几个次要空间组成，在岸边主要观景点的视野范围内，岸线凹凸曲折变化应不少于三个层次（见图5-14）。水景的方位、大小与周围环境和岸边景物协调考虑，借水光倒影之类的虚景增添景致与趣味。

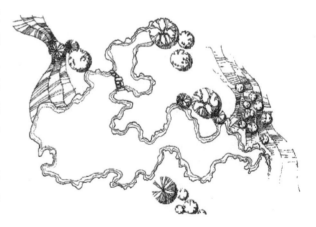

图5-14　景观水体设计草图

（四）景观节点设计

景观节点的设计包括布局与单体设计两个方面。平面设计阶段的节点设计主要侧重于景点的总体布局。

首先从布局上来说，景点的分布需要配合景观轴线，讲究一定的秩序、比例和规则，给游人形成有效的引导。其次，需要保持质量和数量的相对平衡，不能过分强调某一节点或重复某种形态，而要做到各要素之间的平衡，否则会给游人带来审美疲劳和混乱的感受（见图5-15）。

其次从单体节点来说，节点是在整个景观轴线上比较突出的景点，它形式多样，可以是自然景观，也可以是人工景观。很多景观构成元素都可以成为景观节点，比如广场、雕塑、建筑、山峰、微地形、水景、桥等。其作用就在于画龙点睛，吸引周边的视线，突出轴线节奏。它是整个园林景观设计中难度最大的一个部分。一个节点可以代表一个区域内的重要环节，也可以视为该区域的象征性景点（见图5-16和图5-17）。园林景观要具有一

图5-15 某景观方案景点布局

图5-16 某儿童活动区景观节点

图5-17 某滨水休闲区景观节点

定的多样性，节点的设置需要考虑承上启下的作用，既要突出重点，又要有整体一致性，使整个园林景观呈现出和谐美。

步骤五：景观方案剖立面设计

相较于平面图和效果图对于某个景园区特定空间、时间进行单一表述的方式，剖立面设计可以更充分地表达场地空间的地形特征、结构分布、空间尺度、功能组合、高低起伏、比例关系、场所特色，甚至包括时间维度的变化（见图5-18）。

景观立面设计主要是表现设计环境空间竖向垂直面的空间轮廓，具体包括景园区域各要素的高度与宽度，建筑物或者构筑物的尺寸，地形的起伏变化，植物的立面造型，公共设施的空间造型、位置等。绘制景观剖立面图常用的比例有 1：50、1：100、1：200。

图5-18　景观剖立面设计图

步骤六：植物配置专项设计

植物是景园中占比最重的一类元素。植物配置是景观设计中的软景体现，利用植物可以更好地营造空间，增强景观的氛围和感觉。植物配置不是绿色植物的堆积，也不是简单的返朴归真，而是审美基础上的艺术配置，源于自然而又高于自然。它需要处理好植物与各类景观要素之间的关系，包括植物与道路、植物与建筑、植物与水系、植物本身的组合等。

植物配置首先需要了解植物物种本身的形态和习性，然后根据其各自的特色选择适合的位置和搭配，避免物种竞争，形成结构合理、功能健全、种群稳定的复层群落结构。

从平面上说，首先是对植物物种、数量和搭配组合的选择，然后是将各类植物在景园空间中进行合理的布局（见图 5-19）。在完成所有物种搭配布局之后，以列表的形式标注景观场地内所有的苗木植被品种、株树及位置（见图 5-20）。

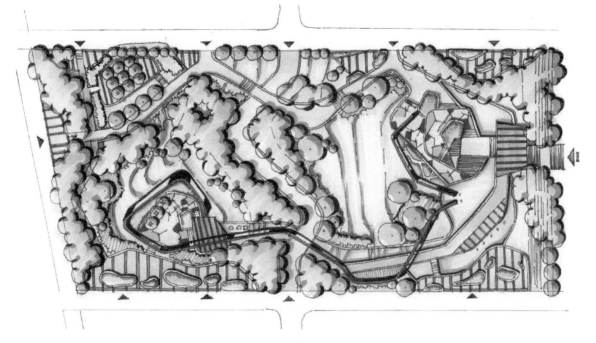

图5-19　植物配置平面图

图片	符号	科名	棵树	习性	花期	备注	图片	符号	科名	棵树	习性	花期	备注
		乌桕	4	15 m 高	4—8月开花,10月红叶	孤植			木槿	17	3~4 m 高	7—10月开花	孤植
		西府海棠	13	4 m 高	3—4月开花	孤植			紫玉兰	3	3 m 高	3—4月开花 8—9月结果	孤植
		腊梅	2	2~4 m 高	12—1月开花	孤植			金丝桃	1	0.5~1.3 m 高	6—7月开花 8—9月结果	丛植
		罗汉松	38	18 m 高	4—5月开花	丛植			大叶黄杨	12	0.6~2 m 高	3—4月开花 6—7月结果	丛植
		榉树	3	30 m 高	4月开花 10—11月结果	孤植			夹竹桃	12	5 m 高	6—10月开花 12—1月结果	丛植
		海桐	41	3 m 高	5月开花 10月结果	丛植			红花檵木	5	0.7~0.8 m 高	4—5月开化	丛植
		红花酢浆草	500 m²	0.1~0.3 m 高	3—12月开花	—			蔷薇	70 m²	—	4—5月开花	—
		草坪	1573 m²	—	—	—							

图5-20 植物苗木配置列表

从竖向上说,主要是植物的种植方式和组合方式。常见的种植方式有孤植、列植、对植、群植、篱植、丛植等六种(见图 5-21 和图 5-22)。

图5-21 孤植、列植、篱植

图5-22 对植、群植、丛植

一般景观园林的植物配置分五个层次，从高到低依次是：乔木层（树群的天际轮廓线）、亚乔木层（开花繁茂，叶色美丽）、大灌木层、小灌木层、多年生草本花卉层。通常乔木层用来营造空间，亚乔木层形成视线的焦点，灌木一般通过整形、修剪，体现植配的风格（见图5-23）。

1.圆冠阔叶大乔木
2.高冠阔叶大乔木
3.高塔形常绿乔木
4.低矮塔形常绿乔木
5.圆冠型常绿乔木
6.球类常绿灌木
7.修剪色带
8.小乔木
9.竖形灌木
10.团型灌木
11.可密植成片的灌木
12.普通花卉型地被
13.长叶型地被

图5-23　植物配置立面设计

步骤七：景观小品及设施设计

在完成以上设计环节之后，开始进入微观细节的创意部分。该步骤的设计内容和类型较多，包括园区内各类体量较小的景观小品及设施（雕塑、跌水、小品装置、设施构筑、座椅、指示路牌、灯具、垃圾箱等）的单体设计（见图5-24和图5-25）。

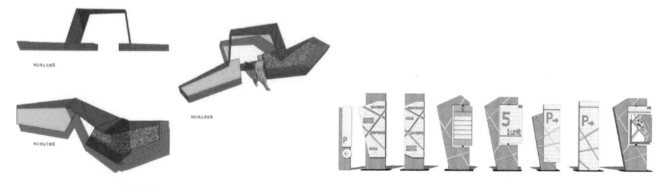

图5-24　某景观花坛平面、立面、透视模型　　　图5-25　某公园指示牌系列模型

单体的设计首先需要保证满足各自的景观功能；其次，其造型与风格需要有针对性地与园林景观的整体环境相协调，不能过于突兀，不能喧宾夺主。设计的核心原则包括保持合理的主从对比关系，严格控制科学的比例与尺度，与环境一起形成有节奏和韵律感的景园空间。

步骤八：景观设计全景图纸表达

景观设计的最终成果和全景效果主要通过总平面图和全景鸟瞰图来表达。（见图5-26和图5-27）

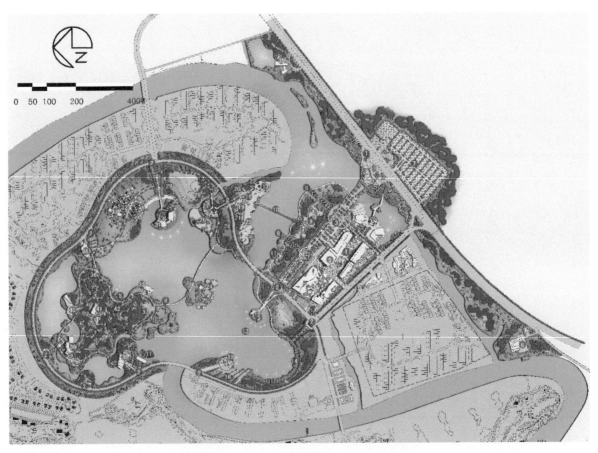

图5-26　盐城大洋湾生态运动公园总平面图

图5-27　盐城大洋湾生态运动公园全景鸟瞰图

第二节
学生景观设计方案分析

学生作为初学者在景观设计实践的环节中存在很多普遍的设计错误和问题，总体来说，可以归纳为以下几点：

一、忽视基地现状条件

基地现状条件分析是方案设计的客观基础和核心环节，虽然在设计过程中完成了这个步骤，但是很多学生往往在后期的方案设计中会忽略很多基地现状中的制约条件，而做出一些违背客观条件的设计，缺乏理性的思考和对现实的尊重。

常见的方案问题集中体现在：①基地地形现状实际是有起伏变化的，学生方案却忽略程高和坡度，将基地作为一块平地来处理，完全摒弃了原地形的造型优势（见图5-28）；②基地周边的交通条件会制约园区出入口的选择，但是学生的方案中却忽略交通与人流聚集的情况，选择了人流车流相对拥堵的区域作为景区入口；③风向的制约会直接影响建筑设施的朝向，在方案中却布置了逆风方向的建筑及构筑物朝向。

二、主题立意与方案脱节

景观方案构思之前的立意和定位是设计的中心思想。很多学生在构思之初都有很多有趣的灵感和意向，但是在后期方案中却没有找到衔接落实的方法，最终成果与之前的构想完全脱节，没有将最初良好的创意深入到方案中去。例如在某学生的纪念公园景观方案中，为了表达"纪念"的主题，计划以"时间轴"为主要脉络安排园区布局，但是在后期的方案深入中无论是在功能结构上还是在景观轴线上都逐渐偏离了最初的设想（见图5-29）。

图5-28 学生设计方案一

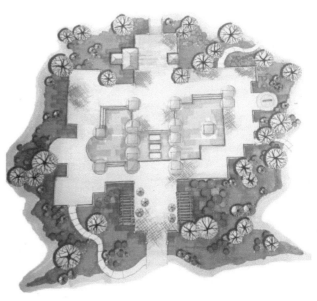

图5-29 学生设计方案二

三、过度追求平面"图案"形式感

景观方案的平面二维形态是总体布局的主导，其路网、景观轴线都会非常清晰地突显出"图案"的形式美。这本身是设计中需要追求和考虑的方向，但是很多学生容易走入误区，在空间组织、道路结构及景观节奏等方面过分追求图案化效果，忽略了基地的实际地形情况、功能需求等要素。此外，当二维空间转向三维空间塑造时，缺乏空间衔接的考虑，会产生很多阻挡视线、破坏景观轴线节奏、空间形态失衡的情况（见图5-30）。

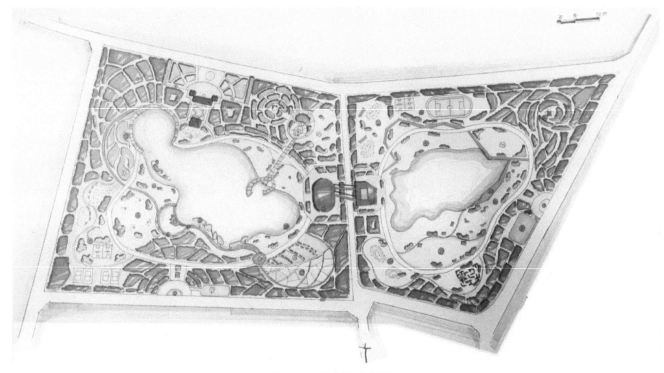

图5-30　学生设计方案三

四、路网层级和结构不清晰

景园里的道路层级通常分为主干道、次干道、园路。三个层级互相串联，形成网络，并且分别有各自的等级和尺度区分。学生在设计中常出现的错误集中在道路层级混淆、尺度不均衡、道路断层不能形成互相连接畅通的网络。

五、景观节点布局不均衡、类型单一

景观节点的设计是景观规划设计中的一个难点，它既需要与全局的部署相协调，又需要满足功能，符合主题立意。学生的方案中涉及景观节点的部分通常出现频率最高的往往都是广场、亭、喷泉、水池一类，形态也多以方形和圆形为主，无论是类型还是形态都相对比较单一，缺乏特性，缺乏主次之分。竖向上没能组织好有节奏的轮廓线，没能很好地结合区域条件、主题立意去组织空间（见图5-31）。

六、植物配置组合失衡

由于缺乏对植物物种特性的认知，学生方案中的植物配置往往都只是从形态和色彩的角度去考虑，缺乏实践操作性。植物布局分布不均匀，物种单一，种植方式与环境不够匹配，个别植物尺度比例有明显的错误。尤其是

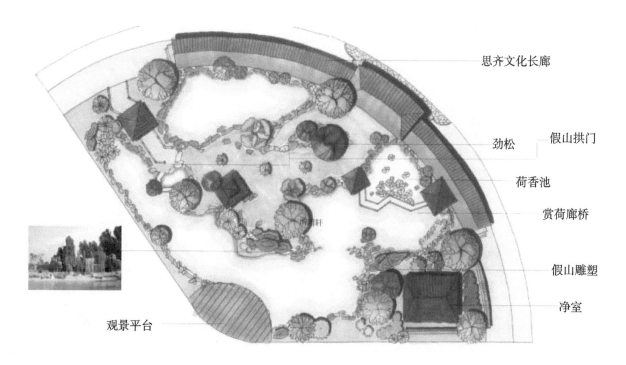

思齐文化长廊

劲松　　假山拱门

荷香池

赏荷廊桥

假山雕塑

净室

观景平台

图5-31　学生设计方案四

当出现空地的情况时，习惯用大面积灌木丛代以填充，这样的处理方式不仅使植物尺度严重失调，而且不符合设计流程以及植物配置原则和规范（见图 5-32）。

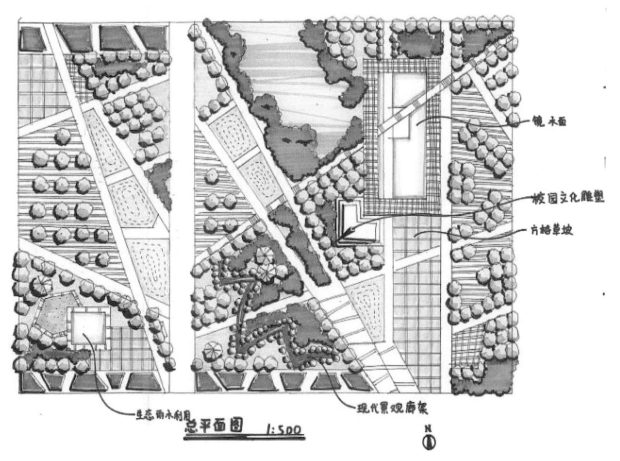

镜水面

坡园文化雕塑

片植草坡

生态雨水利用

现代景观廊架

总平面图　1:500

N

图5-32　学生设计方案五

七、景观竖向空间构景不协调

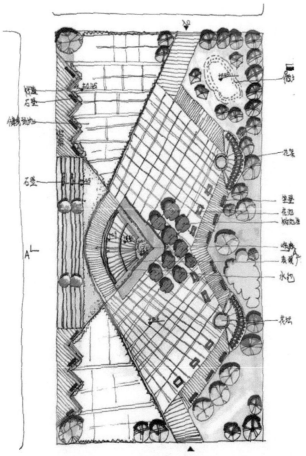

图5-33 学生设计方案六

在二维平面方案设计的过程中，侧重点放在了平面的造型和区域功能的组织上，对景观空间三维竖向上相对应的考虑略显薄弱。这样做很容易导致后期空间营造中出现一系列不协调的问题，例如景园空间层次混淆不清、比例失衡，天际轮廓线缺乏节奏性律动，空间视廊受到阻挡和干扰，轴线断层等情况。

而当这些情况出现时，反推论证之前的平面方案设计，很多节点设计是无法做到的，这就需要重新规划、调整、修改，使之与其他设计适应协调，这样会造成大量时间和精力的浪费，所以学生应尽量避免"返工"，从设计之初，就建立二维和三维相结合的立体设计思维逻辑。

如图5-33所示，在某学生设计方案中，V形水景后密集种植了尺度较大的以乔木为主的围合式树阵，虽然在平面布局上考虑到了植物造型与水景的互动和迎合，但是完全忽略了立面竖向上的视廊通透性，东侧的视线完全被阻隔，无法欣赏到水景，从而使该区域变成了互动性非常弱的"消极空间"；此外，曲线广场上除了花廊和休息座椅之外，再无其他节点的设置，使得场所过于空旷，缺乏纵向空间的塑造和层次，天际轮廓线相对平淡，节奏感很弱。

[1] 马克辛,卞宏旭.景观设计教学[M].沈阳:辽宁美术出版社,2008.

[2] 赵良.景观设计[M].武汉:华中科技大学出版社,2009.

[3] 陈祺,刘粉莲.中国园林经典景观特色分析[M].北京:化学工业出版社,2012.

[4] 彭一刚.中国古典园林分析[M].北京:中国建筑工业出版社,1986.

[5] 荆其敏,张丽安.设计顺从自然[M].武汉:华中科技大学出版社,2012.

[6] 〔美〕格兰特·W.里德,美国风景园林设计师协会.园林景观设计:从概念到形式[M].
陈建业,赵寰,译.北京:中国建筑工业出版社,2004.

[7] 〔美〕巴里·W.斯塔克,约翰·O.西蒙兹.景观设计学——场地规划与设计手册[M].
5版.朱强,俞孔坚,郭兰,等,译.北京:中国建筑工业出版社,2014.

[8] 俞孔坚,李迪华.景观设计:专业学科与教育[M].2版.北京:中国建筑工业出版社,
2016.

[9] 谢科,单宁,何冬.景观设计基础[M].武汉:华中科技大学出版社,2014.

[10] 〔英〕特鲁迪·恩特威斯尔,埃德温·奈顿.景观设计与表现[M].北京:中国青年出
版社,2013.

[11] 马建武.园林绿地规划[M].北京:中国建筑工业出版社,2007.

[12] 〔日〕大桥治三,斋滕忠一.日本庭园设计105例[M].黎雪梅,译.北京:中国建筑
工业出版社,2005.

[13] 刘滨谊.现代景观规划设计[M].2版.南京:东南大学出版社,2005.

[14] 〔法〕让马克·高里耶.景观与城市转变[M].陈庶,译.沈阳:辽宁科学技术出版社,
2012.

[15] 魏民.风景园林专业综合实习指导书——规划设计篇[M].北京:中国建筑工业出
版社,2007.

[16] 〔日〕针之谷钟吉.西方造园变迁史:从伊甸园到天然公园[M].北京:中国建筑工
业出版社,2004.

[17] 贺善安,张佐双,顾姻,等.植物园学[M].北京:中国农业出版社,2005.

[18] 章俊华.内心的庭园:日本传统园林艺术[M].昆明:云南大学出版社,2001.

[19] 王浩莹,王琥.设计史鉴:中国传统设计技术研究·技术篇[M].南京:江苏美术出
版社,2010.

[20] 凌继尧,等.艺术设计十五讲[M].北京:北京大学出版社,2006.

[21] 李龙生.设计美学[M].合肥:合肥工业大学出版社,2008.

[22] 郑宏.环境景观设计[M].2版.北京:中国建筑工业出版社,2006.

[23] 曹林娣.静读园林[M].北京:北京大学出版社,2005.

[24] 周维权.中国古典园林史[M].2版.北京:清华大学出版社,1999.

[25] 刘晓光.景观美学[M].北京:中国林业出版社,2012.

文参
献考

JINGGUAN GUIHUA YU SHEJI